教育部高等学校航空航天类专业教学指导委员会推荐教材

U0168061

航空器适航基础

孙康文　邓志诚　杨乃宾　编著

北京航空航天大学出版社

内 容 简 介

本书以航空器适航定义、品质特征和民用航空安全理念为理论基础,按照民机适航国家管理、立法立规、全程管控原则,阐述民用航空管理机构;法规文件体系;型号合格审定和持续适航管理;设计、制造方,使用、维修方和适航当局三方的职责与义务。以运输类飞机为例阐明型号合格审定规定、型号合格审定基础确定和符合性证明程序,以及适航证件颁发等。增加军用航空器和无人机适航性概要,以反映航空器适航理念的最新进展。取材紧密结合航空工程实际,实用可行。

本书可作为高等院校飞行器设计、适航技术专业的教材或参考书,也可供相关专业工程技术人员和科研人员参考。

图书在版编目(CIP)数据

航空器适航基础 / 孙康文,邓志诚,杨乃宾编著

. -- 北京 :北京航空航天大学出版社,2020.8

ISBN 978 - 7 - 5124 - 3338 - 0

Ⅰ. ①航⋯ Ⅱ. ①孙⋯ ②邓⋯ ③杨⋯ Ⅲ. ①航空器
—适航性 Ⅳ. ①V328.5

中国版本图书馆 CIP 数据核字(2020)第 158023 号

航空器适航基础

孙康文 邓志诚 杨乃宾 编著

责任编辑 董瑞

*

北京航空航天大学出版社出版发行

北京市海淀区学院路 37 号(邮编 100191) http://www.buaapress.com.cn
发行部电话:(010)82317024 传真:(010)82328026
读者信箱:goodtextbook@126.com 邮购电话:(010)82316936
北京建宏印刷有限公司印装 各地书店经销

*

开本:787×1 092 1/16 印张:8 字数:205 千字
2020 年 9 月第 1 版 2023 年 3 月第 3 次印刷 印数:2 001～3 000 册
ISBN 978 - 7 - 5124 - 3338 - 0 定价:30.00 元

前　言

千里之行,始于安全。飞行安全是民用航空的头等大事。纵观百年航空,就是人类利用智慧、科技与飞行风险不断角力的历程。科学技术的创新发展,使现代民用航空更安全、更环保、更舒适、更经济。实现民用航空飞行安全的基础是航空器适航。适航性,简称适航,是指航空器适合在空中飞行(包括起飞和着陆)的能力,是船舶在海上航行应具有适海性理念的延伸发展。

1903 年,莱特兄弟完成了世界上首例载人有动力可控持续飞行;仅 5 年之后,1908 年 9 月 10 日,奥维尔·莱特驾驶的飞机在美国弗吉尼亚州麦尔堡坠毁,机上乘客丧生,凸显飞机适航的必要性。适航性作为航空器安全飞行,避免空中飞行严重事故和灾难性事故的基本条件,是满足公众可接受的最低安全水平要求的每个航空器应具有的适合在空中飞行(包括起飞和着陆)的品质特性。

1926 年,美国商务部成立航空司(Aeronautics Branch),标志着美国政府对航空器适航的高度重视,至今已有 90 多年历史。美国从 1934 年开始制定航空器适航法规、民用航空规章(CAR),至今也有 80 余载的研发历程。随后,各工业大国相继建立了由本国政府主管的航空器适航管理部门(航空局),制定了适合本国国情的航空规章,逐渐形成了适合本国国情的民用航空适航管理体系。1944 年 12 月 7 日,为促进全世界民用航空安全、有序发展,"临时国际民用航空组织"(PICAO)成立(1947 年转正为国际民用航空组织,ICAO),其宗旨和目的在于制定民用航空国际航行的原则,促进国际航空运输的发展。这充分说明航空器适航对确保航空器飞行安全起到了至关重要的作用,而民用航空业已成为现今世界上最受欢迎的、最安全的交通运输方式。

我国大型民用客机项目的立项开展,使得航空器适航人才需求迫切。不少高校增设了相关专业,加紧人才培养,以满足我国民用航空发展需求。航空器适航基础知识是每一位从事航空器适航管理和设计、制造、使用、维修的工程技术人员及相关工作人员必须具备的认知。为此,作者编写了这本《航空器适航基础》。

本书以航空器适航定义、品质特征和民用航空安全理念为理论基础,按照民机适航:国家管理、立法立规、全程管控原则,依据我国和美国、欧盟等先进国家和地区的民用航空规章和军用航空器适航性审查准则编写。本书全面、系统、完整地阐述了民用航空管理机构、航空法规文件体系、航空器适航管理;型号合格审定(包括适航证件颁发)和持续适航管理;设计、制造方,使用、维修方和适航当局三方的职责与义务。以运输类飞机(型号产品)研制为例,重点阐明民用航空产品的合格审定管理,特别是型号合格审定基础(型号合格审定所依据的标准)的确定、符合性方法、型号合格审定的实施,适航证申请和颁发,飞机持续适航管理,有关合理使用和合适维修,以及人才培养的管理。

21世纪初问世的现代大型客机,采用新材料、新技术、新设备和新设计理念(如一体化产品设计、过程控制、复杂系统工程管理),实现机体复合材料结构规模化应用和高度综合的飞机系统(如飞行控制和航电系统)及其与地面指挥系统的空-地一体化、信息化、大数据运行安全管理。航空器结构、系统、运行等创新设计安全性要求和安全性评估成为航空器适航管理的最新进展。依据在适航标准中,飞机使用安全性(飞行安全)相关条款要求的普遍适用性,规定要求新研航空器型号设计与原有同类航空器型号设计安全水平等效或具有更好的安全性,符合适用的适航标准和适航当局确定的专用条件、环境保护要求,并且运行中没有不安全的特征或特性。同时,局方还颁布了相关咨询通告予以指导。譬如:复合材料结构的安全性要求与同类型飞机金属材料结构设计所提供的安全水平等效或更高,并且需要特别关注复合材料与金属材料性能差异,复合材料固有的独特性能及其与金属材料性能之间的相互影响可能会形成的潜在安全威胁。运行中所有已知的或发现的安全威胁(不安全因素)都能得到解决。据此总结经验,促成《复合材料飞机结构咨询通告》(AC20-107),时隔25年从A版改为B版。

复杂飞机系统和软件设计安全性要求,按25部25.1309设备、系统及安装条款安全水平要求(将灾难性事故和严重事故的失效状态发生的概率分别定为极不可能和不可能)确定飞机系统安全性设计采用可靠性设计理念、体现失效安全和/或失效容限的措施或方法设计飞机系统和有关部件。对系统失效状态强调确认和核实(双V),并列入过程控制理念进行安全评估,并且不同危害程度的失效状态所允许出现的概率也不相同。

列举实例反映了民用航空器适航管理的最新进展。民用航空器的商品属性决定了提高其设计的固有安全水平也有利于提高其市场竞争力。

增加军用航空器适航性概要和无人机适航性探讨,以此反映航空器适航理念的深化和工程应用的最新进展。军用飞机和无人机适航必要性,说明了适航性是各用途航空器(无论民用还是军用,无论有人驾驶还是无人驾驶)都必须具备的固有品质(适航具体要求和符合性证明方法又不同)。这有利于加深对适航是每一个航空器必须具备的基本性能的理解。

本书作者广泛收集整理航空器适航相关资料文献,取材紧密结合航空工程实际,体现航空器适航源于工程又服务于工程的特征,实用可行。

本书旨在系统阐述航空器适航理念与原则,力求做到定义科学严谨、内容全面系统、论述思路清晰、博采众家之长、反映最新进展,这是本书有别于同类图书的独特之处。

本书语言简练、图文并茂,有利于读者对航空器适航知识的理解和掌握。阅读本书需要具备航空概论和工程项目管理的基础知识。

本书适合作为高等院校飞行器设计、适航技术专业的教材,也可作为航空科技人员的参考用书。

本书获得了北京航空航天大学教材立项的资助,特此感谢!

作者在本书编撰过程中得到了国内专家、教授、工程技术人员的大力支持和帮助,特此向他们表示感谢,这里要特别感谢原西安飞机设计研究所副总设计师、中航沈飞民机公司研发中心高级技术顾问、北京航空航天大学兼职教授钟至人研究员给予的指导和帮助,并向参与图文整理和编录工作的硕士研究生董佳琦、姬薪哲等人表示感谢。

由于作者水平和所参考资料所限,书中的错谬之处,敬请广大读者批评指正。

孙康文　邓志诚　杨乃宾

2019 年 10 月

于北京航空航天大学航空科学与工程学院

目　　录

第1章　航空器的适航性 ……………………………………………………… 1
1.1　适航——航空器安全飞行的基本要求 …………………………………… 1
1.2　航空器适航性品质特征 …………………………………………………… 2
1.3　民用航空安全理念和安全水平 …………………………………………… 3
　1.3.1　民用航空安全理念 …………………………………………………… 3
　1.3.2　飞机事故级别定义和安全等级 ……………………………………… 4
　1.3.3　民用航空安全水平 …………………………………………………… 6
　1.3.4　适航标准安全水平的事故概率值定义 ……………………………… 8
1.4　航空器型号设计的固有安全水平 ………………………………………… 8
习　题 ……………………………………………………………………………… 9

第2章　民用航空管理机构 …………………………………………………… 10
2.1　民用航空管理的必要性和特点 …………………………………………… 10
2.2　民用航空管理机构的地位和职责 ………………………………………… 10
　2.2.1　民用航空管理机构的地位 …………………………………………… 10
　2.2.2　民用航空管理机构的职责 …………………………………………… 11
2.3　美欧民用航空管理机构 …………………………………………………… 11
　2.3.1　美国联邦航空局(FAA) ……………………………………………… 11
　2.3.2　欧洲航空安全局(EASA) …………………………………………… 13
2.4　中国民用航空局(CAAC) ………………………………………………… 14
2.5　国际民用航空组织 ………………………………………………………… 18
习　题 ……………………………………………………………………………… 20

第3章　航空法规文件体系 …………………………………………………… 21
3.1　航空法规文件体系特点 …………………………………………………… 21
3.2　美欧航空法规文件体系 …………………………………………………… 21
　3.2.1　美国FAA航空法规文件体系 ……………………………………… 21
　3.2.2　欧盟EASA航空法规文件体系 …………………………………… 22
3.3　CAAC航空法规文件体系 ………………………………………………… 23
3.4　航空规章的法律特性 ……………………………………………………… 25
　3.4.1　航空规章的强制性 …………………………………………………… 25
　3.4.2　航空规章的国际性 …………………………………………………… 26
　3.4.3　航空规章的完整性 …………………………………………………… 26
　3.4.4　航空规章的公开性 …………………………………………………… 26
　3.4.5　航空规章的动态性 …………………………………………………… 27
3.5　适航标准的制定和修订 …………………………………………………… 27

  3.5.1 适航标准的制定与修订原则 ······················· 27

  3.5.2 适航标准与民用飞机设计协同制定和持续修订 ············· 28

  3.5.3 适航规章制定和修订程序 ························ 30

  3.5.4 适航标准要求确定的三要素 ······················ 31

  3.5.5 飞机适航标准分类和主要内容 ····················· 32

 3.6 适航标准修订典型案例 ···························· 33

  3.6.1 FAR-25.571"结构的损伤容限和疲劳评定"的修订 ········· 33

  3.6.2 FAA AC25.1309 对飞机系统设计要求与安全性评估的修订 ····· 35

  3.6.3 《复合材料飞机结构咨询通告》(AC20-107)的改版 ········ 37

 习 题 ··································· 40

第4章 航空器适航管理 ······························ 41

 4.1 民用航空器适航管理 ····························· 41

 4.2 航空器适航三方 ······························· 43

  4.2.1 航空器适航责任三方的协同关系 ···················· 43

  4.2.2 航空器设计、制造方的适航责任与义务 ················· 43

  4.2.3 航空器使用、维修方的适航责任与义务 ················· 44

  4.2.4 局方(民航地区管理局)的责任与义务 ················· 44

 4.3 航空器适航证件体系 ···························· 45

  4.3.1 航空器适航的证件管理与工作方法特点 ················ 45

  4.3.2 航空器适航证件体系 ························· 45

 4.4 证件的申请、审查、颁发和管理 ······················ 46

 4.5 持证上岗与人员培训 ··························· 52

 习 题 ··································· 52

第5章 运输类飞机合格审定管理 ························ 53

 5.1 民用飞机型号研制与合格审定规定 ···················· 53

 5.2 型号合格证的申请和审查 ························· 55

  5.2.1 型号合格证的申请 ·························· 55

  5.2.2 型号合格审定的实施 ························· 55

  5.2.3 型号合格审定组织管理 ······················· 58

 5.3 型号合格审定基础的建立 ························· 59

 5.4 型号适航条款符合性方法 ························· 60

  5.4.1 型号适航条款符合性方法说明 ···················· 60

  5.4.2 适航要求符合性方法实施要点 ···················· 61

 5.5 现代大型客机合格审定管理 ······················· 64

  5.5.1 现代大型客机型号设计理念 ····················· 64

  5.5.2 现代大型客机型号合格审定特点 ··················· 66

 5.6 适航证的申请和颁发 ··························· 68

 习 题 ··································· 69

第6章　运输类飞机持续适航管理 ·· 70

6.1　航空器持续适航管理的目的和依据 ·· 70

6.2　航空器持续适航管理的三方责任 ·· 70

6.3　航空器的运营与维修 ·· 72

　　6.3.1　航空器运营与维修的相关法规 ····································· 72

　　6.3.2　航空器持续适航运营与维修的相关主体的责任 ················ 72

6.4　民用航空器的年检制 ·· 74

　　6.4.1　民用航空器的年检规定 ··· 74

　　6.4.2　民用航空器的年检程序和结果处理 ······························ 75

　　6.4.3　维修单位的年检 ··· 76

6.5　持续适航文件要求 ··· 77

6.6　航空器维修系统的合格审定条件 ·· 78

　　6.6.1　维修系统软件层面的要求 ·· 78

　　6.6.2　维修系统硬件层面的要求 ·· 79

习　题 ··· 80

第7章　军用航空器适航性概要 ·· 81

7.1　军用航空器适航性的定位和要求 ·· 81

　　7.1.1　现代军用航空器强调适航性的缘由 ······························· 81

　　7.1.2　军用航空器适航性的定位与要求 ·································· 82

　　7.1.3　军用飞机与民用飞机适航要求差异分析 ························· 83

7.2　军用航空器适航性管理体制和技术体系 ·································· 85

　　7.2.1　国外军用航空器适航性管理体制和技术体系 ·················· 85

　　7.2.2　我国军用飞机适航性管理工作原则 ······························ 87

7.3　军用航空器适航性审查基础的建立 ······································· 88

　　7.3.1　军用航空器适航性审查准则特点 ·································· 88

　　7.3.2　军用航空器型号适航性审查基础建立的主要考虑 ············· 89

　　7.3.3　军用航空器适航性符合性证实 ····································· 89

7.4　军用航空器适航性审查工作实施 ··· 89

　　7.4.1　军用航空器适航性审查工作原则 ·································· 89

　　7.4.2　军用飞机适航性审查工作程序 ····································· 90

7.5　军用飞机适航性审查实例 ··· 92

习　题 ··· 92

第8章　无人机适航性探讨 ··· 93

8.1　无人机独特的技术特征 ·· 93

　　8.1.1　无人机定义和研发特点 ··· 93

　　8.1.2　无人机的基本概念与技术特征 ····································· 93

　　8.1.3　无人机的分类 ··· 94

8.2　民用无人机航空管理法规 ··· 95

　　8.2.1　民用无人机航空管理面临的挑战 ·································· 95

    8.2.2 国外民用无人机航空管理法规 ················· 95
    8.2.3 我国民用无人机航空管理法规 ················· 96
  8.3 无人机的适航性审查 ·························· 98
    8.3.1 无人机适航性审查的必要性 ··················· 98
    8.3.2 无人机适航性审查的特点 ····················· 99
  8.4 军用无人机适航性审查 ························ 99
    8.4.1 军用无人机适航性审查准则 ··················· 99
    8.4.2 军用无人机适航性审查验证 ··················· 99
    8.4.3 典型军用无人机适航性审查验证(要点) ······ 101
    8.4.4 国外军用无人机适航性审查概况 ·············· 102
  8.5 我国无人机适航性审查进展 ··············· 103
  习 题 ······································· 104
附 录 ··· 105
  附录1 缩略语 ······························· 105
  附录2 术 语 ······························· 107
  附录3 航空器适航文件汇总 ················· 109
参考文献 ·· 111

第1章 航空器的适航性

1.1 适航——航空器安全飞行的基本要求

安全、快捷、舒适的交通是公众出行的基本要求。从地面交通(公路、铁路交通)、海上交通到实现空中交通,人类有了更多可供选择的出行方式以及更加安全、愉快的旅途生活。为了确保陆路、水陆交通和空中飞行的安全运营,人们制定了相关法律、规章、标准和行政监管体系。人们出行交通方式特点如表1-1所列。

表1-1 人们出行交通方式特点

交通方式	交通工具运行特点	事故出现对策
地面交通	汽车按公路网运行 火车按铁路网运行	可随时、随地停车处理
海上交通	船舶依海图、航道在海港间运行	可漂浮在海上,乘务组自行处理或等待救援
空中交通	航空器(飞机)在规定的空域、按航线在空港间运行	空中飞行故障,轻微、较大事故乘务组可自行处理;严重事故要紧急迫降;灾难性事故可能坠机、机毁人亡

对航空器飞行,民用航空关心的首要问题是飞行安全。航空器从起飞、空中飞行到着陆,整个飞行过程也是存在潜在危险可能性的交通运输过程。

高空、高速、三维飞行轨迹、恶劣的飞行外部环境条件(在巡航高度上)、燃料油箱(如中央翼盒油箱)放置于乘客身边;再加上反复无常的风、雨、冰雹、闪电和随时可能发生的其他使用环境危害(如鸟撞、结冰等),以及人为因素导致的错误,诸多因素都可能会发生故障,甚至事故,危及乘员生命安全。综合归纳,航空器飞行安全影响因素有:环境因素、航空器自身因素、人为因素三大类(见图1-1)。面对这些潜在的危险,只有飞机处于高度可控的飞行安全运行状态,无故障且舒适和觉察不到危险地安全飞行,公众才会有安全感,才会对空中飞行交通方式产生信任,这正是适航作为航空器基本要求的本意。

关于航空器飞行存在固有危险的说法,并没有足够的事实依据。但在长期的航空器飞行实践活动中,以下因素(包括但不限于此)会导致航空器可能出现故障或事故,并已引起了相关设计、制造、使用、维修人员的高度重视:

① 变化无常的天气(风切变、闪电等);

② 鸟撞、冰雹;

③ 设计、制造缺陷(规章条款内容不完善或有误造成的);

④ 发动机空中停车、油箱爆炸;

⑤ 操作系统卡壳、电传操纵失灵;

⑥ 航空电子设备故障;

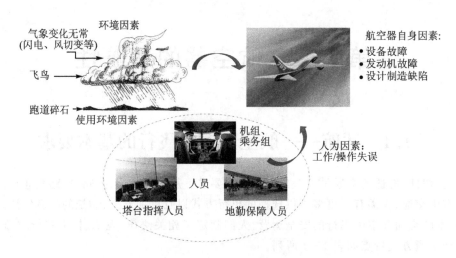

图 1-1 航空器飞行安全的影响因素

⑦ 机体破损(重复疲劳载荷、环境损伤、广布疲劳损伤等引起);

⑧ 人为因素:工作/操作失误。

适航一词源于航海适海性,英文是 Airworthiness,字典解释 fit to fly,意思是"适合飞行"。航空器适航性是指航空器在预期运行环境和使用限制下安全飞行(包括起飞和着陆)的固有品质,这种品质可以通过正确使用和合适维修而持续地保持。

航空器适航性的达到首先应包括航空器产品型号合格证申请人/持证人的责任、义务和民用航空局的责任两方面。申请人/持证人应按规定的适航规章和要求设计、制造航空器产品(飞机),保证其符合要求,并通过相关分析和验证向公众表明其符合性;局方应确认、监督、检查申请人/持证人的设计、制造符合要求。航空器产品交付使用后,适航性的持续保持由使用、维修方主要负责,合理使用和按经批准的维修手册维护。局方对航空器从设计、制造到使用、维修全过程、全服役使用寿命期内适航管理的主要目的就是保证无论是乘坐飞机出行,还是自驾飞机飞行,所采用的航空器始终不低于公众可接受的最低飞行安全水平。

如上所述,航空器适航的目的是确保飞行安全、维护公众利益、促进航空工业发展,其关键在于第三方的有效管控(局方监管和控制)。

1.2 航空器适航性品质特征

航空器适航性是该航空器(包括部件及子系统整体性能和操纵特性)在预期的运行环境以及在经申明并被批准的用途、使用限制之内运行时,实现、保持和终止飞行的固有的安全特性和物理完整性,是每架飞机都必须具备的固有品质。

适航性针对民用航空器在实际飞行(包括起飞和着陆)中的安全性,强调以预期运行环境(机场、气象、航线、空中交通)和使用限制(速度、高度、重量、平衡)为界定条件的航空器各方面综合和整体的安全保障,并通过合理使用和日常维修而持续地保持和改进。

基于上述,航空器的适航性具有以下特点:主要针对民用航空器飞行中的安全性;预期的使用环境和使用限制为既定条件;全服役使用寿命周期内飞行安全的动态保证(涉及民用航空主管部门对航空器设计、制造商和单机适航证持有者、运营维修商的两方面适航审查,适航性的符合性证明、型号合格审定和后续适航性的持续保持)。

　　航空器适航所覆盖的领域也需要进一步明确。众所周知,航空器(如飞机)是以空气动力学设计为基础,机体结构为载体,集成动力、飞控、航电、环控、能源等分系统构成的空中交通运输工具。航空器适航性所覆盖的领域(见图 1-2)是包括飞机总体、气动特性、结构、动力、飞机各系统、使用维修和耐撞损性等确保飞机整体性能和操纵特性始终满足型号设计和始终处于安全运行状态的所有方面。

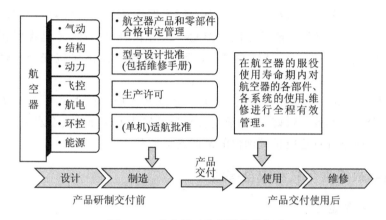

图 1-2　航空器适航所覆盖的领域

　　航空器型号产品(飞机)研制伊始,局方成立型号合格审定委员会(Type Certification Board,TCB),按照型号研制目标、任务需求,依法依规(如 CCAR-21-R4,民用航空产品和零部件合格审定规定)确定型号合格审定基础(合格审定所依据的标准,Type Certification Basis)。型号合格审定基础规定了有效适用的航空规章、适航标准、环境保护要求及民用航空局指定的专用条件、豁免和等效安全结论。按型号合格审定程序,经符合性证明,局方批准的型号设计决定了航空器型号产品(飞机)固有的适航性品质。型号设计还提供型号使用维修手册,作为型号产品交付使用后,持续适航性的技术保证。据此,始终处于保持符合其型号设计和始终处于安全运行状态是航空器在既定使用环境和限制条件下保持适航性的核心要素。

　　适航性证明和管理分为飞机型号合格审定和持续适航管理两个主要阶段,覆盖飞机设计、制造、适航批准产品交付前管理和交付后使用、维修管理,确保全过程、全服役使用寿命期内航空器安全运行。

　　局方通过颁发适航批准文件(适航证)对每一款航空器型号产品(每架飞机)单独予以适航批准。

1.3　民用航空安全理念和安全水平

1.3.1　民用航空安全理念

　　美国联邦航空局(Federal Aviation Administration,FAA)对安全作了如下定义:安全是将所有人类行为中危险的可能性和严重性转化得更低或更能接受的水平。此处安全的定义与人们通常理解的"安全"最大的区别在于：人们通常认为"不出事就是安全"，而 FAA 定义的安全则是"不出事不代表安全"。关于安全理念的"海恩法则"（又称"冰山理论"）认为许许多多的不测事件(Hazard)构成险情(Risk)，险情又造成事故征候(Incident，类似于冰山形成)，最终冰山露出水面形成了可导致严重事故甚至灾难性事故（Accident）的失效状态。FAA 对民用航空安全是通过分析民用航空出现的各种不测事件，找出系统中存在的险情、事故征候，并通过适航指令和咨询通告的形式及时控制避免失效状态形成，将严重和灾难性失效状态发生概率控制在公众可接受的最低安全水平。而人们习惯于认为没有灾难性事故就是安全，忽视了对不测事件的分析和对险情可能性的控制。预防和避免事故，才是保障民用航空安全的根本措施。加强科学民航安全理念的宣讲、普及，对提升我国民航安全管理水平将会有重大助益。

民用航空安全不是一个绝对的概念。其目标是既能使旅客认为乘坐飞机放心、票价可接受，又能使飞机公司成本效益较好，民用航空管理当局就认为这样的安全水平是可接受的民用航空安全水平，即航空规章适航标准确保的最低安全水平。

1.3.2 飞机事故级别定义和安全等级

1. 飞机事故级别定义

预防和避免事故是保障民用航空安全的根本措施。定义飞机事故级别（Failure Class）是依据《正常类、实用类、特技类和通勤类飞机适航规定》(CCAR-23)、《运输类飞机适航规定》(CCAR-25-R4)等航空规章要求及相关咨询通告给予的指导，对飞机发生的错综复杂、多种多样的事故进行科学、合理、可行的分类划级，为飞机（包括其部件及子系统整体性能和操纵特性）设计和安全等级划分提供技术支持。

飞机是以空气动力学设计为基础，以机体结构为躯干，配置有各种所需的设备及系统，可以在可预期的允许运行条件下完成预定功能的航空器。飞机的性能和功能主要取决于机体结构的安全裕度、各种设备及其系统操纵有效性，以及运行的稳定性和可靠性。

飞机事故是指在规定的预期运行条件下，因飞机性能或功能下降，或任何妨碍飞机继续安全飞行与着陆等事故征候或失效状态而造成飞机发生不同级别的失效或破坏。据此，事故征候与失效状态成为飞机事故类别划分的关键。

飞机事故级别依据事故征候与失效状态，通常划分为轻微、较大、严重和灾难性四个事故级别。

按照 FAR-25.1309(a)，飞机"设计必须保证在各种可预期的运行条件下能完成预定功能"的结构、系统与有关部件的设计，在单独考虑以及与其他系统一同考虑的情况下，必须符合 FAR-25.1309(b)下列规定：

① 发生任何妨碍飞机继续安全飞行与着陆的失效状态的概率为极不可能；

② 发生任何降低飞机能力或机组处理不利运行条件能力的其他失效状态的概率为不可能。

上述两项要求实际上规定了产生飞机事故失效状态的原因及其对应的事故级别（灾难性事故和严重事故）。

飞机事故级别划分如表1-2所列。表中阐明了各事故级别对应的事故征候和适航标准要求对事故可能发生的失效状态的概率规定。

　　① 灾难性事故——任何妨碍飞机继续安全飞行与着陆条件下发生的飞机事故,往往会造成飞机损毁和多名乘员伤亡的后果,飞机在使用寿命期内应符合失效状态概率为极不可能。

　　② 严重事故——任何降低飞机能力或机组处理不利运行情况能力的条件下发生的其他飞机事故,也会造成飞机损坏和乘员伤亡的后果,在飞机使用寿命期内应符合发生概率为不可能。

　　③ 轻微或较大事故——飞机性能或功能有所降低或降低明显,机组人员工作负荷增加、效率下降,处理不利操作能力下降的条件下发生的飞机事故,乘员无伤害或轻度伤害,在飞机使用寿命期内可能会发生若干次或较少出现,可能仅发生一次。

表 1 - 2　飞机事故级别——事故征候和可能发生概率规定

飞机事故级别	事故征候/失效状态	事故可能发生概率规定
轻微事故	● 性能或功能有所降低,改变飞行计划,启动应急程序 ● 对机组工作造成不便,但乘员无伤害	● 无乘员伤害,主要涉及机队服务管理 ● 在飞机使用寿命期内可能发生若干次
较大事故	● 结构安全裕度明显降低 ● 机组工作负荷增加、效率下降,处理不利操作能力下降	● 乘员轻度伤害 ● 在飞机使用寿命期内较少发生,可能仅发生一次
严重事故	● 任何飞机能力或机组处理不利运行条件能力的显著降低	● 可能会造成飞机损坏和乘员伤亡的后果 ● 飞机设计应符合事故发生概率为不可能
灾难性事故	● 任何妨碍飞机继续安全飞行与着陆的条件	● 往往会造成飞机损毁和多名乘员伤亡的后果 ● 飞机设计应符合事故发生概率为极不可能

注:摘自 FAR - 25.1309 和 AC25.1309 - 1A。

　　飞机事故按事故原因(事故征候与失效状态)划分级别,充分体现了民用飞机以安全性为第一属性特征,并且可以进行适航标准要求符合性证明,具有可操作性。

　　飞机发生事故,有原因(事故征候与失效状态)也有结果(事故影响)。既然可按原因条件作为定义飞机事故级别的依据,那么为什么不可以采用事故结果来定义飞机事故级别呢?该提法看似有理。事实上,如果以事故结果定义飞机事故等级,将会引入局限于讨论飞机操作状态、乘员伤亡具体数据等飞机处理关心的善后议题上,也就是说把飞机事故定义引入了界限难以划清、争论不休的无法定酌的局面,而且对飞机设计而言更是无法实施和验证,因为设计根本不能预先知道事故会伤亡几个人。因此,对飞机事故定义,必须跳出以事故结果(飞机损毁状况、乘员伤亡人数)作为划分飞机事故级别的误区。

2. 安全等级

　　安全等级按飞行事故造成的影响和最大可能出现的概率综合分析,一般划分为轻微事故、较大事故、严重事故和灾难性事故四个等级,如表 1 - 3 所列。作为一般规律,事故发生的概率与其危害程度成反比,可以推断严重事故发生的概率为不可能,这应该是可接受的。

表 1-3　飞行安全等级——按事故影响分类

安全等级	事故最大可能出现的概率	事故影响
轻微事故	● 无伤害乘员的事故(每飞行小时 $10^{-2}\sim10^{-3}$ 次) ● 涉及机队服务管理 ● 在飞机寿命期内可能发生若干次	● 使用限制:改变例行的飞行计划,启动应急程序(每飞行小时小于 $10^{-3}\sim10^{-5}$ 次) ● 对乘员造成不便,但无伤害(每飞行小时小于 10^{-5} 次)
较大事故	● 极少出现的事故(每飞行小时 $10^{-5}\sim10^{-7}$ 次) ● 在飞机使用寿命期内可能发生一次	● 结构安全裕度明显降低 ● 对机组人员造成困难(造成降低机组人员工作效率的不利条件) ● 乘客轻度伤害
严重事故	● 不可能出现的事故(每飞行小时 $10^{-7}\sim10^{-9}$ 次) ● 可以预估对一架飞机而言,约在 2 000 年使用期内才可能发生一次	● 结构安全裕度有较大降低 ● 由于工作负荷和不利的环境条件而使机组人员疲于奔命(由于机组人员不可完全或准确地完成他们的业务) ● 乘员伤害严重 ● 少数乘员死亡
灾难性事故	● 极不可能出现的事故(每飞行小时下限值为 10^{-9} 次) ● 对该飞机型号而言,在使用寿命期内极不可能发生的事故	● 多人死亡 ● 通常飞机完全损毁

注:摘自 JAR 欧洲联合适航条例。

对安全等级,若与飞机的使用联系在一起考虑,则会对事故最大可能出现的概率及其影响有进一步的理解。譬如:一架飞机使用寿命为 15~20 年,每年在航线飞行 3 000 飞行小时,则每架飞机的使用寿命约为 45 000~60 000 飞行小时。

若按每架飞机的使用寿命 50 000 飞行小时计算,达到 10^7 飞行小时需要 2 000 年。每飞行小时 1×10^{-7} 的事故出现概率对一架飞机而言,可能 2 000 年才出现一次严重事故。假设有 200 架这种飞机,则机群总使用寿命可达 10^7 飞行小时。据此,与表 1-3 安全等级对应,可知该机群在总使用寿命期内,仅发生若干次轻微事故,至多有一次较大事故;而严重事故和灾难性事故则是不可能事件。因此,旅客、机组人员和民航管理当局三方对飞机安全有足够的信心。目前,旅客乘坐飞机关心的是航班正点率和行李不出错率,已很少关注飞机的飞行安全,这正是对飞机飞行安全的最高评价。

当然,飞机严重事故和灾难性事故还是偶有发生。事故分析表明,事故原因是多种多样的,有人为因素(如违章操作),也有不可抗拒的外界因素(如风切变、暴风骤雨等),再有就是尚未认识的原因(如飞机结构 20 世纪 50 年代初出现的疲劳事故,20 世纪 60 年代末出现的断裂事故)。正是飞行事故推动了航空科学技术发展、适航研究工作的深入,以及航空规章的修改和完善。

1.3.3　民用航空安全水平

乘坐飞机旅行对现代人来说已是越来越平常的选择,但由于飞行是浮游在天空这块无法掌控的多变的空间区域中,人们不免仍有疑虑,认为飞机是一种有潜在危险可能性的交通工具。事实上,据国际民航组织的统计,民航是远程交通最安全的交通方式,飞机失事的几率可用以下数据表示:30 年前,重大事故发生率为每飞行 2.24 亿千米 1 次,2013 年是 22.4 亿千米(飞行千米数增加了 10 倍)才出现一次重大事故。以 2013 年为例,全球共计 3 500 万次航班,运输 30 亿人次,总共只有 224 人死于空难(包括俄罗斯喀山 B737 空难),成为史上最安全航空年;同年,美国自身意外死亡人数中死于浴缸溺亡的人数则超过了 300 人,自床上跌落死亡人数为 400 多人。也就是说,飞机空难死亡的几率比这些自身意外死亡的几率还低,是极小概率事件,"即便一个人天天坐飞机,也要 14 000 年才有可能遇上一次航空事故。"但是每次空难的发生,一般导致的人员伤亡多是毁灭性的,而且由于飞机机身空间相对独立,故遭遇劫持的后果是难以想象的,因而,公众在某些时期对乘坐飞机的安全性仍心存疑虑也是可以理解的。

研究人员给出了针对飞机飞行所经历的各个阶段(包括暖机、起飞、爬升、巡航、降落、进近、进场等典型阶段)所对应的发生空难事故统计数据如图 1-3 所示。

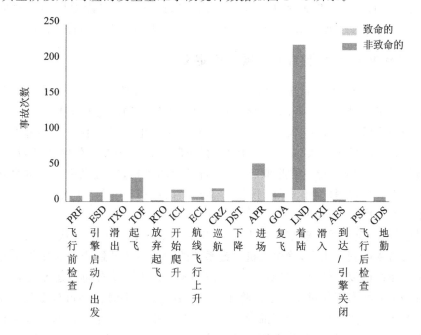

PRF—pre-flight, ESD—engine start/depart, TXO—taxi-out, TOF—take-off, RTO—rejected take-off,
ICL—initial climb, ECL—en route climb, CRZ—cruise, DST—descent, APR—approach, GOA—go-around,
LND—landing, TXI—taxi-in, AES—arrive/engine shutdown, PSF—post-fight, GDS—ground service

图 1-3　飞行事故统计数据示图(按飞行阶段统计,2009—2013 年)①

每个飞行阶段发生事故的概率明显不同。总的来说,飞机起飞和着陆的时间虽然仅占总飞行时间的 6%,但事故发生的几率却超过 60%,被称为"黑色 10 分钟",就是飞机起飞时的 3分钟和降落时的 7 分钟。造成"黑色 10 分钟"的主要原因是这段时间里,飞机的飞行高度不够,飞行安全不确定影响因素多,如风切变、鸟撞、跑道障碍物等。

除航空器自身的飞行阶段对飞行安全存在影响外,还包括以下 9 方面影响民用航空安全:

① 民用航空从业人员,尤其是驾驶员的素质;

① 资料来源:IATA Safety Report 2013. (2015-10-21) [2020-06-01]. https://www.docin.com/p-1329509838.html.

② 航空产品(航空器和航空器部件等)的设计、制造水平;

③ 航空器材的供应;

④ 航空器和航空器部件的维修质量;

⑤ 机场安全保障设施、设备的性能状态;

⑥ 空中交通管制和控制能力;

⑦ 航空营运人、航空器维修部门和航空院校资格(空勤、地勤人员水平);

⑧ 空中安保措施;

⑨ 气象保障。

航空器安全水平以严重事故失效状态发生概率百万飞行小时为 0.2~0.3 次,即$(2\sim3)\times10^{-7}$次/飞行小时确定(人的自身意外死亡率为百万分之一,即 1×10^{-6} 次)。目前,航空器安全水平已提高到 1×10^{-7} 次/飞行小时(即为人的自身意外死亡率的 1/10)。而对航空器系统设备而言,极不可能发生的失效事件概率为 1×10^{-9} 次/飞行小时,不可能发生的失效事件概率为 1×10^{-7} 次/飞行小时(详见 1.3.4 小节)。可见,飞机出现飞行安全事件的概率是非常低的。

1.3.4 适航标准安全水平的事故概率值定义

20 世纪 50 年代末期,适航当局和航空工业界认识到,有必要确定一个合理可接受的定量(事故)概率值来定义民用航空器的安全性目标(公众可接受的最低安全水平)。

当时的历史运营数据显示,民用飞机运营过程发生的重大事故中,灾难性事故的发生概率约为每百万飞行小时发生一次(1×10^{-6} 次/飞行小时);进一步按失效征候分析研究发现,其中约 10% 源于飞机系统本身。据此拟定,对于新设计的飞机,所有飞机系统本身导致严重事故的发生概率至多(事故概率值上限)不应该超过每百万飞行小时 0.1 次(0.1×10^{-6} 次/飞行小时),即 1×10^{-7} 次/飞行小时。

英国民航局在《英国民用航空适航规章》中率先确定了以 1×10^{-7} 次/飞行小时事故定量概率值作为可接受的安全水平,确保飞机关键系统的增加不会导致严重事故发生概率的增加。基于当时飞机系统的复杂性,确定导致严重事故的原因是失效状态而不是飞机系统,并假定导致严重事故的失效状态不超过 100 个。将 1×10^{-7} 次/飞行小时合理可接受的定量事故概率值平均分配给 100 个失效状态,则可推导出导致灾难性事故的每个失效状态发生概率不超过 1×10^{-9} 次/飞行小时。即灾难性事故失效状态发生概率上限为 1×10^{-9} 次/飞行小时。此后,FAA 接受了英国民用航空器用定量事故概率值定义民用航空器的安全性目标。FAA 咨询通告 AC25.1309-1(1982 年发布)明确,1×10^{-9} 次/飞行小时为灾难性事故失效状态极不可能发生概率的适航标准要求的安全性水平。同时,明确 1×10^{-7} 次/飞行小时是严重事故失效状态不可能发生概率的安全水平下限值。这样,1×10^{-7} 次/飞行小时~1×10^{-9} 次/飞行小时为严重事故失效状态不可能发生的安全水平概率值。

据此,依次导出 1×10^{-5} 次/飞行小时可以作为飞机较大事故状态可能发生概率安全水平下限值。

1.4　航空器型号设计的固有安全水平

航空器型号设计的固有安全水平是指根据《民用航空产品和零部件合格审定规定》(CCAR-21-R4),经局方批准,设计符合规定的适航规章和法规要求(型号合格审定基础)的航空器所具有的安全水平。型号设计包括定义民用航空产品构型和设计特征符合有关适航规章和环境保护要求所需的图纸、技术规范及其清单；确定民用航空产品结构强度所需的尺寸和工艺资料；以及适航规章要求的持续适航文件中的适航性限制部分。详见 CCAR - 21 - R4 第 21 - 31 条。

　　首先，型号设计应保证其设计、制造的飞机的安全性始终符合公众、设计制造方和局方认可的最低安全标准，符合适航标准要求的最低安全水平；其次，型号设计还应保证飞机安全性在正确使用和合适维修条件下飞行安全状态继续保持；最后，型号设计应在飞机性能/功能符合规定的、有效适用的适航规章和环境保护要求，飞机经济性较好的限制条件下，尽可能提高型号的固有安全水平。型号设计的固有安全水平将灾难性事故和严重事故的失效状态发生概率分别定为极不可能和不可能。

　　基于上述，型号设计对飞机安全性要求在民用航空技术创新发展的支撑下，目前大型客机服役使用寿命已达到 30 年，每年 3 000 飞行小时，每架飞机服役使用寿命期内设计的安全飞行小时达 $30 \times 3\,000 = 90\,000$ 飞行小时 $\approx 1 \times 10^5$ 飞行小时。譬如，一个由 200 架飞机组成的机群严重或重大事故失效状态发生概率仅为 0.5×10^{-7} 次/每飞行小时的安全水平。民用航空运输现已成为世界上最安全的出行交通方式。

习　题

1. 为什么要提出适航的概念？
2. 适航的定义及其要素是什么？
3. 简述适航性与飞机设计的关系？
4. 航空器适航性的影响因素有哪些？
5. 适航标准是确保民用航空器适航性所制定的最高安全标准还是最低安全标准？

第 2 章　民用航空管理机构

2.1　民用航空管理的必要性和特点

民用航空管理的目的是保障民用航空安全,维护公众利益,促进民用航空事业的发展。管理的范围涵盖除国家航空器之外的所有民用航空器。

1. 必要性

民用航空管理的必要性表现在以下两大方面:

① 以保障民用航空器飞行安全为目标的特殊技术执法管理。只能由政府专门设立的职能部门——民用航空局制定各类航空器航空规章(适航标准)法规文件,依法依规对民用航空器型号产品进行设计、制造和使用、维修全过程、全服役使用寿命期内的监督和管理。

② 揭示和反映民用航空器从设计、制造到使用、维修的客观规律,并施以符合规律的一套规范化管理,才可保证航空器始终处于安全、可控的使用状态。

2. 特　点

民用航空管理的特点表现在以下几方面:

① 民用航空局是政府代表公众利益,设立的专门职能部门。民用航空局(局方)负责制定民用航空规章(包括适航标准),对飞机型号产品和零部件合格审定和持续适航执行第三方(局方)全程(强制性)监管,是一种特殊的专业技术执法管理。

② 国家立法、局方立规,构建民用航空法规体系。局方对航空器型号依法依规管理。从型号立项研制、局方介入确定型号合格审定基础(有效适用的适航规章和环境保护要求、制定专用条件等),到型号合格审定、生产许可审定、适航合格审定,产品取得(单机)适航证交付,再转到对(单机)适航证持有人(营运人)使用、维修进行持续适航管理,充分说明民用航空局的管理有强制性和对每一架航空器全过程、全服役使用寿命期内安全性管理的特点,实质是管控每一架航空器适航性,确保每架飞机都始终在适航(适合飞行)状态下进行飞行。

③ 适航部门在管理体制上、经济上独立于民用航空器型号设计、制造、使用和维修各方之外,以保证适航管理部门立法和执法工作的公正。

④ 民用航空管理要做到机构健全、法规齐全、管控到位、人员尽责。

2.2　民用航空管理机构的地位和职责

2.2.1　民用航空管理机构的地位

民用航空器适航管理的目的是确保航空器的飞行安全,以维护公众利益和促进航空工业发展。实现适航管理目的的关键在于对航空器进行全面、全过程的监管。为此,世界上凡有航空运输的国家(或地区)都设有代表本国政府行使民用航空管理的专职机构,负责本国民用航空相关的所有事宜(包括国际民航事务)。

各国国情不同,机构名称各异,模式不一。目前,世界上对民用航空发展有决定性或重要影响的著名民用航空管理机构是美国联邦航空局(FAA)和欧洲航空安全局(European Aviation Safety Agency,EASA)。中国民用航空局(Civil Aviation Administration of China,CAAC)、俄罗斯联邦航空局(the Federal Aviation Authority of Russia,FAAR)以及加拿大航空运输安全局(Canadian Air Transport Security Authority,ATSA)、巴西民航局等国民用航空管理机构也各有特色。

民用航空管理机构具有行政执法权,代表公众利益行使政府职能,依法依规对航空器进行监管,这是一种特殊的技术执法行为。

2.2.2　民用航空管理机构的职责

各国民用航空管理机构的职责是代表本国政府行使对民用航空的行政管理职能和对航空器进行适航管理,保证民用航空安全,促进民用航空发展。

民用航空管理机构对民用航空器开展适航管理时,其主要职能工作包括以下几方面:

1. 依法制定民用航空规章、法规文件

民用航空局依据国家颁布的《民用航空法》、相关行政法规(航空器适航管理条例、国籍登记条例)以及环境保护要求,制定民用航空规章。按其内容和性质,民用航空规章可分为标准类规章和管理类规章。民用航空规章由民用航空局发布,是涉及民用航空活动的、具有法律效力的专业性管理规章。同时,民用航空管理机构还需要编写与规章实施相关的指导性文件、指令、咨询通告等。

民用航空规章规定了民用航空安全保持不低于公众可接受的最低安全水平。这是基于民用航空器产品(飞机)安全性、经济性和经济效益三项要求综合权衡设计考虑的结果。

2. 航空器型号适航审定、监管

航空器型号适航审定由局方型号合格审定委员会(TCB)审批型号有效适用的航空规章适航标准和环境保护要求,以及制定专用条件等形成型号合格审定基础。之后,据此对该型号从设计、制造、合格审定到使用、维修、持续适航进行全过程强制性监管(包括人员培训)。

3. 颁发航空器适航证件,管控持证上岗

从颁发适航证件入手,通过持证上岗实现责任制质量管理。管理旨在实现确保航空器公众可接受的最低安全水平要求的基础上,促进民用航空企业建立更高的质量意识和安全意识,提高企业的自我管理和自我完善能力,建立自我审核机制,以确保航空器产品的质量稳定一致,为航空器型号飞行安全打下坚实基础。

2.3　美欧民用航空管理机构

2.3.1　美国联邦航空局(FAA)

美国联邦航空局(FAA)是负责民用航空安全管理的、归属美国联邦政府管理的一个独立的政府部门。FAA 的发展历程如下:

1926 年,美国在商务部成立航空司(Aeronautic Branch),并颁发第 7 号航空通报(基本要求),对飞行员、航图、导航、适航标准进行初步管理。

1928 年,航空司颁发了第 14 号航空通报,开始关注飞机结构、发动机和螺旋桨的适航管理。

1928—1933 年,航空司相继颁发了第 7A、7G、7F 号航空通报,分别对飞机结构、发动机和螺旋桨、飞机部件和附件做了进一步要求。

1934 年,航空司更名为商业航空局(Bureau of Air Commerce,BAC),并开始制定民用航空规章(Civil Aviation Regulations,CAR)。

1938 年,商业航空局又更名为民用航空管理当局(Civil Aeronautics Authority),成为一个独立的政府部门。

1940 年,时任美国总统的富兰克林·罗斯福将民用航空管理当局分拆为两个机构:民用航空管理局(Civil Aeronautics Administration,CAA)和民用航空委员会(Civil Aeronautics Board,CAB)。CAA 主要负责空管、飞行员资格认证和飞机取证、航空安全和航线认证。CAB 主要负责制定安全规章、事故调查和航空公司运营管理。

1934—1958 年,民航管理部门相继制定颁发了 CAR04(飞机适航要求)、CAM04(要求和解释材料)、CAR03(小飞机)、CAR06(旋翼机)、CAR04a - 1(技术标准规定,TSO)、CAR07(运输类旋翼飞机)。

1958 年,民用航空管理局更名为联邦航空当局(Federal Aviation Agency),负责制定联邦航空条例(Federal Aviation Regulation,FAR)和军民空管。同年,联邦航空当局对美国第一架喷气式客机 B707 进行了适航审定。

1965 年,联邦航空当局制定颁发了 FAR - 21 部——适航审定管理程序,并把 CAR 相继转换成 FAR。

1966 年,联邦航空当局更名为联邦航空局(Federal Aviation Administration,FAA),并把事故调查的职责划分给了美国国家运输安全委员会(National Transportation Safety Board,NTSB),NTSB 直接向国会报告。

1981 年,FAA 的适航审定司建立了四个适航审定中心,按飞机的类别负责审定政策和项目管理,并按工业布局组建了相应的适航审定办公室(Aircraft Certification Office,ACO)和制造检查办公室(Manufacturing Inspection District Office,MIDO)。

FAA 的主要职责包括:促进民航安全管理;鼓励和发展民用航空,包括航空新技术;开发和经营民用和军用飞机空中交通管制、导航系统;研发航线管理体系和民用航空空域;制定和实施控制飞机噪声和其他影响民航的环境因素;美国商业空间运输管理等。

美国联邦航空局适航审定部门的组织体系如图 2 - 1 所示。

美国联邦航空局下设由负责航空器安全事务的副局长管理的航空器审定司(位于美国首都华盛顿特区),负责航空器适航审定管理。航空器审定司总部下设有四个处:

① 生产和适航审定处:全面负责生产许可审定和单机适航审定政策制定;

② 航空器工程处:全面负责航空器适航审定的工程技术的政策制定;

③ 国际政策办公室:全面负责国际适航双边协议和国际事务的政策制定;

④ 计划和项目管理处:全面负责型号合格审定的程序制定。

在航空器审定司的直接垂直管理下,在西雅图、堪萨斯、沃斯堡、波士顿设置了四个审定中

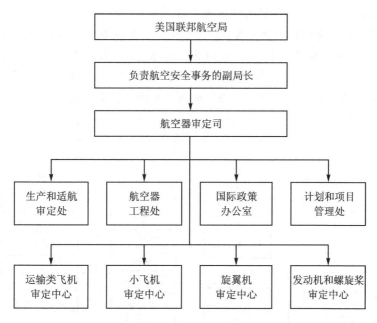

图 2-1　美国联邦航空局适航审定部门组织体系

心,分别承担运输类飞机、小飞机、旋翼机以及发动机/螺旋桨的适航审定政策的制定以及型号合格审定工作。

2.3.2　欧洲航空安全局(EASA)

欧洲航空安全局(EASA)是随着欧洲一体化进程的推进而诞生的代表欧盟的民用航空器管理机构。与欧洲联合航空局(Joint Aviation Authorities,JAA,即欧洲各国民用航空局协会)不同,EASA 是在欧盟框架下,依据欧盟议会规章的相关规定,集中行使各成员国部分民用航空管理主权的政府职能组织。随着欧洲航空制造业的发展,EASA 已成为具有与 FAA 同等话语权的重要适航当局。从 JAA 到 EASA 的发展历程如下:

1990 年,欧洲一些国家的民用航空局签订塞浦路斯协议,标志着 JAA 的成立,它是欧洲各国民用航空局的联合体。到目前为止,JAA 已有 42 个成员国。JAA 的主要职责是制定和完善联合适航要求(Joint Airworthiness Requirement,JAR),包括飞机的设计、制造、使用、维修的适航要求、管理程序制定等。

1991 年,欧盟议会颁发第 3922/91 号欧盟议会规章——民用航空领域规章和管理程序的协调,规定 JAA 成员国应采纳联合航空要求(JAR)作为协调一致的航空规章。由此,整个欧洲都采用 JAR 中的适航规章部分作为统一的适航标准。

2002 年,欧盟议会颁发第 1592/2002 号欧盟议会规章——民用航空领域的通用规则,并建立欧洲航空安全局。以此为标志,欧洲开始建立在欧洲范围内统一的民用航空局,并授权其制定欧洲范围内统一的、具有法律地位的、强制性的民用航空规章。

2003 年,欧盟议会颁发第 1702/2003 号欧盟议会规章——航空器及其产品、零部件和机载设备的适航性和环境合格审定以及设计、生产机构合格审定的实施规则。以此为标志,EASA 开始制定欧洲范围内统一的适航规章。该规章的 J 分部规定了设计组织批准书(Design Organization Approval,DOA)的具体规章要求。

EASA 的适航审定部门组织体系如图 2-2 所示,EASA 机构的主要职责是起草民用航空安全法规,给欧盟成员国提供技术专家,并对有关国际协议的结论提供技术方面的帮助。除此之外,该机构执行与航空安全相关的适航管理颁证工作,如航空产品和有关设计、制造和维修单位部门的认证。这些认证活动有助于确保适航性和环保标准在成员国内达到同等水平。

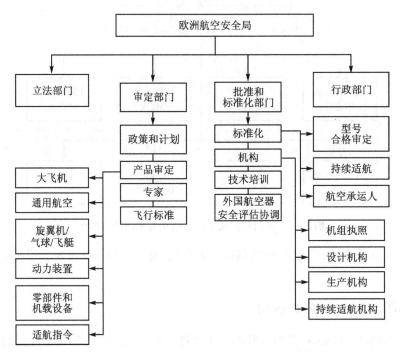

图 2-2　EASA 的适航审定部门组织体系

与美国联邦航空局相比,欧洲航空安全局的适航审定组织体系具有以下特点:

(1)产品审定分类不同

与美国分为运输类飞机、小飞机、旋翼机和发动机/螺旋桨不同,欧洲航空安全局单独设置了负责零部件和机载设备适航审定的部门和负责适航指令的部门。

(2)重视标准化工作

由于欧洲航空安全局的具体适航审定工作仍由欧洲各国民航局的适航审定人员承担,对适航标准和程序执行的标准化问题尤为重要,因此欧洲航空安全局的适航审定组织体系中特别设置了标准化部门,负责标准化和培训工作。

(3)机构具有评审职权

与美国的适航标准管理体系不同,欧洲对航空产品的设计和生产机构还单独颁发有别于适航证件的机构批准(文件)。因此,欧洲航空安全局的适航管理组织体系中设置了机构评审部门,负责设计机构、生产机构和持续适航机构的评审和批准。

2.4　中国民用航空局(CAAC)

根据《中华人民共和国民用航空法》《中华人民共和国行政许可法》和《中华人民共和国民

用航空器适航管理条例》，我国对民用航空器的适航管理由中国民用航空局负责。中国民用航空局通过制定和颁布航空规章(适航标准)和规定，代表国家行使政府的监督、管理职能，即民航局代表公众利益，对民用航空器适航进行监管。

中国民用航空局现为中华人民共和国交通运输部下属主管民用航空事务的部门。其主要发展历程如下：

1949 年 11 月 2 日，中共中央政治局会议决定，在人民革命军事委员会下设民用航空局，受空军指导。

1958 年 3 月 19 日，国务院通知：全国人大常委会第 95 次会议批准国务院将中国民用航空局改为交通部的部属局。

1960 年 11 月 17 日，经国务院编制委员会讨论并原则通过，决定将中国民用航空局改称为"交通部民用航空总局"，为部属一级管理全国民用航空事务的综合性总局，负责经营管理运输航空和专业航空，直接领导地区民用航空管理局的工作。

1962 年 4 月 13 日，第二届全国人民代表大会常务委员会第五十三次会议决定将交通部民用航空总局改称为"中国民用航空总局"。

1962 年 4 月 15 日，中央决定将中国民用航空总局由交通部部属改为国务院直属局，其业务工作、党政工作、干部人事工作等均直接归空军负责管理。

1980 年 3 月 5 日，中央决定将民用航空脱离军队建制，把中国民用航空局从隶属于空军改为国务院直属机构，实行企业化管理。

1987 年开始实行政企分开的改革。民航西南管理局航空器适航处成立，这是第一个二级适航管理机构。1987 年 6 月 1 日起对外称为航空器适航司。

1988 年、1989 年和 1992 年，民航华东、华北、西北、东北和中南管理局航空器适航处相继成立，1995 年 6 月新疆适航代表处成立，负责本地区航空器的持续适航管理。

1989—1993 年，上海、西安、沈阳、成都分别成立航空器适航审定中心，负责航空器型号的合格审定管理。

1992 年 3 月 11 日，民航局决定在民航第一研究所适航研究室、维修工程研究室和资料室的基础上组建民航局航空器适航审定技术与管理中心，由航空器适航司司长兼任中心主任，并于同年 6 月 1 日正式成立。

1997 年 4 月，我国成立第一个民航三级管理机构——民航山东飞行标准适航办公室，业务上受民航华东管理局领导。

根据第九届人大国务院机构改革方案和《国务院关于机构设置的通知》(国发〔1998〕5 号)的规定，中国民用航空总局(正部级)成为国务院主管全国民航事务的直属机构。2001 年 10 月 10 日：维修管理职责划归飞行标准司。

2002 年 10 月 11 日，完成中国民航六大集团的联合重组，与民航局脱钩，实现政企分开。

2004 年 10 月 2 日，在国际民航组织第 35 届大会上，中国以高票首次当选该组织一类理事国。

2008 年，中央改革设置交通运输部，中国民用航空总局又降为副部级，改称中国民用航空局，简称中国民航局，隶属交通运输部。

中国民航局的组织机构如图 2-3 所示。

中国民航局的机构职责分为以下 12 项：

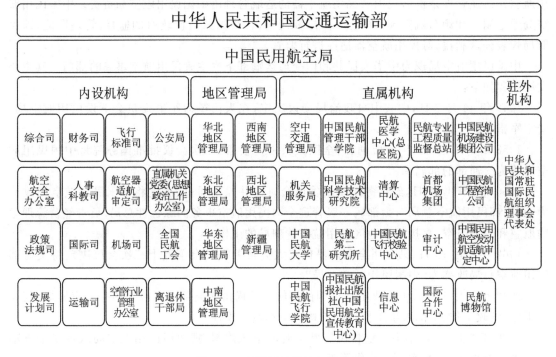

图 2-3 中国民航局的组织机构

① 提出民用航空行业发展战略和中长期规划、与综合运输体系相关的专项规划建议,按规定拟订民航有关规划和年度计划并组织实施和监督检查。起草相关法律法规草案、规章草案、政策和标准,推进民航行业体制改革工作。

② 承担民航飞行安全和地面安全监管责任。负责民用航空器运营人员、航空人员训练机构、民用航空产品及维修单位的审定和监督检查,负责危险品航空运输监管、民用航空器国籍登记和运行评审工作,负责机场飞行程序和运行最低标准监督管理工作,承担民航航空人员资格和民用航空卫生监督管理工作。

③ 负责民航空中交通管理工作。编制民航空域规划,负责民航航路的建设和管理,负责民航通信导航监视、航行情报、航空气象的监督管理。

④ 承担民航空防安全监管责任。负责民航安全保卫的监督管理,承担处置劫机、炸机及其他非法干扰民航事件的相关工作,负责民航安全检查、机场公安及消防救援的监督管理。

⑤ 拟订民用航空器事故及事故征候标准,按规定调查处理民用航空器事故。组织协调民航突发事件应急处置,组织协调重大航空运输和通用航空任务,承担国防动员有关工作。

⑥ 负责民航机场建设和安全运行的监督管理。负责民用机场的场址、总体规划、工程设计审批和使用许可管理工作,承担民用机场的环境保护、土地使用、净空保护有关管理工作,负责民航专业工程质量的监督管理。

⑦ 承担航空运输和通用航空市场监管责任。监督检查民航运输服务标准及质量,维护航空消费者权益,负责航空运输和通用航空活动有关许可管理工作。

⑧ 拟订民航行业价格、收费政策并监督实施,提出民航行业财税等政策建议。按规定权限负责民航建设项目的投资和管理,审核(审批)购租民用航空器的申请。监测民航行业经济

效益和运行情况,负责民航行业统计工作。

　　⑨ 组织民航重大科技项目开发与应用,推进信息化建设。指导民航行业人力资源开发、科技、教育培训和节能减排工作。

　　⑩ 负责民航国际合作与外事工作,维护国家航空权益,开展与港澳台地区的交流与合作。

　　⑪ 管理民航地区行政机构、直属公安机构和空中警察队伍。

　　⑫ 承办国务院及交通运输部交办的其他事项。

　　中国民航局下设的航空器适航审定司、飞行标准司以及各地的适航管理局也各有各的职责分工,具体说明如下:

　　(1) 航空器适航审定司:全面负责航空器的适航工作,其职责包括:

　　① 起草民用航空器国籍登记和注册、民用航空产品(包括航空器、发动机、螺旋桨,下同)及其航空材料、零部件、机载设备和民用航空油料、化学产品适航审定管理以及相应环境保护的相关法规、规章、政策、标准,并监督执行。

　　② 负责民用航空产品型号及补充型号的合格审定、型号认可审定、补充型号认可审定。负责型号合格审定委员会(TCB)的工作。负责民用航空器飞行手册(AFM)的审查和批准。

　　③ 负责民用航空产品生产许可审定。根据民航局与外国适航当局的协议,负责国内制造厂生产外国民用航空产品的监管工作。

　　④ 负责航空材料、零部件和机载设备型号和生产合格审定、适航审定。负责民用航空器加、改装审定及重大特修方案、超手册修理方案工程审准。

　　⑤ 负责民用航空器重复性、多发性故障的工程评估,颁发民用航空产品和零部件适航指令。

　　⑥ 负责民用航空器噪声、发动机排放物的合格审定。

　　⑦ 负责民用航空产品和零部件单机适航审定。

　　⑧ 负责适航审定委任代表和委任单位代表的审核和管理。

　　⑨ 负责民用航空油料及民用航空化学产品适航审定。

　　⑩ 负责民用航空器的国籍登记和注册。

　　⑪ 参与民用航空器的事故调查。

　　⑫ 负责民航标准化和计量工作。

　　⑬ 承办局领导交办的其他事项。

　　(2) 飞行标准司:全面负责相关文件的起草、颁发和修改,其主要职责包括:

　　① 起草民航飞行运行、航空器维修、航空卫生的相关法规、规章、政策、标准、程序和技术规范,并监督执行。

　　② 组织实施民航运营人运行合格审定和持续监督检查工作,负责民航运营人运行合格证和运行规范的颁发、修改和吊销等管理工作。

　　③ 负责民用航空器的持续适航性管理。

　　④ 负责民用航空器飞行性能的相关管理工作,负责组织制定航行新技术的运行标准及其推广应用。

　　⑤ 负责航空卫生保障、航空人员体检鉴定、机场应急医疗救护和航空卫生防疫工作的监督管理。指导民航医学研究工作。

　　⑥ 组织实施民用航空器维修单位合格审定和持续监督检查,负责维修单位许可证的颁

发、修改和吊销工作。

⑦ 负责民航飞行人员、乘务员、飞行签派员、维修人员训练机构合格证的颁发、修改和吊销工作。组织、指导飞行人员训练设备的鉴定工作。

⑧ 负责民航飞行人员、飞行签派员、维修人员资格管理,承担有关人员执照的考核、颁发和吊销工作。

⑨ 负责飞行标准委任单位代表、委任代表、飞行标准监察员、局方委任代表的相关管理工作,组织其业务培训和考试,监督检查其工作。

⑩ 负责航空人员体检合格证管理。

⑪ 负责机场飞行程序和运行最低标准的审批。

⑫ 负责民用航空器型号合格审定中的运行评审工作。

⑬ 参与民用航空器的事故调查。

⑭ 承办局领导交办的其他事项。

(3) 民航各地区管理局:在适航司领导下负责相应地区的适航审定及其他适航工作,其职责包括:

① 贯彻执行民航局适航审定司颁发的航空规章、适航标准、通告和程序,并报告监督实施情况;

② 对本地区航空器进行持续适航控制和监督;

③ 参与本地区民用航空器型号、生产许可、航空材料、零部件和设备的合格审定和监督;

④ 对本地民用航空器实施年检,签署适航证;

⑤ 审查维修大纲,审批维修方案、可靠性方案;

⑥ 审批航空器加、改装方案和特修方案;

⑦ 监督检查航空器的重大维修,签发特许飞行证;

⑧ 监督适航指令执行情况;

⑨ 收集本地区航空器适航信息,提出分析报告和改进措施;

⑩ 查处违章事件,参与航空器事故调查。

2.5 国际民用航空组织

国际民用航空组织(International Civil Aviation Organization,ICAO)是联合国系统中负责处理国际民航事务的专门机构,1944 年成立,总部设在加拿大蒙特利尔,迄今会员国已有193 个国家和地区。中国是国际民航组织的创始成员国之一,在国际民航组织所在地蒙特利尔设有代表处。

国际民航组织前身为根据 1919 年《巴黎公约》成立的空中航行国际委员会(International Committee on Air Navigation,ICAN)。1944 年 11 月 1 日—12 月 7 日,52 个国家在芝加哥签订了《国际民用航空公约(芝加哥公约)》,按照公约规定成立了临时国际民用航空组织(Provisional International Civil Aviation Organization,PICAO)。1947 年,《国际民用航空公约》正式生效,国际民航组织也因之正式成立。同年 5 月,国际民航组织正式成为联合国的一个专门机构,国际民航组织图标及其总部如图 2-4 所示。

国际民航组织的宗旨和目的在于制定国际航行的原则和要求,促进国际航空运输的规划

图 2-4　国际民航组织图标及其总部图

和发展。具体的职责包括：

① 保证全世界国际民用航空安全有序地发展；

② 鼓励为和平用途的航空器的设计和运行技术；

③ 鼓励发展国际民用航空应用的航路、机场和航行设施；

④ 满足人们对安全、正常、有效和经济的航空运输的需要；

⑤ 防止因不合理的竞争而造成经济上的浪费；

⑥ 保证缔约国的权利受到充分尊重，每一个缔约国均有经营国际空运企业的公平机会；

⑦ 避免缔约国之间的差别待遇；

⑧ 促进国际航行的飞行安全；

⑨ 普遍促进国际民用航空在各方面的发展。

以上 9 条共涉及国际航行和国际航空运输两个方面问题。①～④条为技术问题，主要是安全；⑤～⑨条为经济和法律问题，主要是公平合理，尊重主权。两者的共同目的是保证国际民航安全、正常、有效和有序的发展。

《国际民用航空公约》是国际民用航空的基本法。ICAO 以《国际民用航空公约》附件的形式制定了各种民用航空的国际标准和建议措施。《国际民用航空公约》及其附件对缔约国具有法律约束力。附件随国际民用航空不断发展变化进行修订，目前，《国际民用航空公约》共有 18 个附件，依次排列：① 人员执照的颁发；② 空中规则；③ 国际空中航行气象服务；④ 航图；⑤ 空中和地面运行中所使用的计量单位；⑥ 航空器的运行；⑦ 航空器国籍和登记标志；⑧ 航空器适航性；⑨ 简化手续；⑩ 航空电信；⑪ 空中交通服务；⑫ 搜寻与救援；⑬ 航空器事故和事故征候调查；⑭ 机场；⑮ 航行情报服务；⑯ 环境保护；⑰ 保安：保护国际民用航空免遭非法干扰行为；⑱ 危险品的安全航空运输。其中，附件 8——航空器适航性规定了航空器审定和检查的统一程序，包括小型飞机、大型飞机、直升机、发动机和螺旋桨的适航审定标准。

除国际民用航空组织外，世界上还存在两个国际性的民用航空组织：国际航空运输协会（International Air Transport Association，IATA）、国际航空电信协会（Society International de Telecommunicatioan Aero nautiques，SITA）。

IATA 是一个由世界各国航空公司所组成的大型国际组织，成立于 1945 年 4 月，其前身是 1919 年在海牙成立并在二战时解体的国际航空业务协会，总部设在古巴的哈瓦那，目前有来自 117 个国家的 290 名成员。IATA 的宗旨是为了世界人民的利益，促进安全、正常而经济的航空运输，为直接或间接从事国际航空运输工作的各空运企业提供合作的途径，与国际民组织以及其他国际组织通力合作。协会的基本职能包括：国际航空运输规则的统一，业务代理，空运企业间的财务结算，技术上的合作，参与机场活动，协调国际航空客货运价，航空法律工作，帮助发展中国家航空公司培训高级和专门人员。

SITA 是联合国民航组织认可的一个非营利组织，是航空运输业世界领先的电信和信息技术解决方案的集成供应商。1949 年 12 月 23 日，来自荷兰、法国、英国、瑞士、比利时等国的 11 家欧洲航空公司代表在布鲁塞尔成立了国际航空电信协会，将成员航空公司的通信设备相互连接并共同使用。随着成员不断增加和航空运输业务对通信需求的增长，SITA 已成为一个国际化的航空电信机构，SITA 经营着世界上最大的专用电信网络。除全球通信网络外，SITA 还建立并运行着两个数据处理中心：一个是设在美国亚特兰大的旅客信息处理中心，主要提供自动订座、离港控制、行李查询、旅客订座和旅行信息；另一个是设在英国伦敦的数据处理中心，主要提供货运、飞行计划处理和行政事务处理业务。

习　题

1. 适航管理的主要内容包括哪些？
2. 民用航空管理的必要性表现在哪些方面？
3. 请写出适航管理的两个典型阶段的名称。
4. 世界主要的适航管理机构有哪些？
5. 典型的国际航空组织有哪些？

第 3 章　航空法规文件体系

3.1　航空法规文件体系特点

民用航空管理有一整套体系完整、内容齐全、要求明确、表述严谨的航空法规文件体系。为便于民用航空管理工作在国际上有效开展和交流合作,现已形成了国际上通行的民用航空法规文件体系结构,同时也保留了各国民用航空管理的特点。

民用航空法规文件体系,一般分为法律法规、航空规章、非法规性文件三个层次。

第一个层次是国家和政府颁布的民用航空相关的法律、法规。

第二个层次是政府民用航空主管部门,民用航空局制定发布的民用航空规章,包括适航标准及其修正案、技术标准规定 TSO、适航管理规章和其他运营管理规章等。民用航空规章是国家法规的一部分,对民用航空器设计、制造和使用、维修具有法律约束力。民用航空规章作为民用航空特殊性的专业技术执法管理依据,具有强制性、国际性、完整性、公开性和动态性等法律特性。

第三个层次是为执行民用航空相关的法律、法规和规章,由民用航空局制定的非法规性文件,如法规实施细节、指导性文件,包括咨询通告(AC)、规定(Order)等。

第一、第二层次的民用航空法律法规和航空规章均为国家法规,具有法律约束力,必须严格遵循。第三层次的非法规性文件为解释性、指导性、支撑性材料,资料丰富、完善、翔实,并持续修订更新,对理解、执行航空法规文件极其重要、实用,不可或缺。

民用航空法规文件体系应保证航空器在服役使用寿命期内,始终处于不低于公众可接受的最低安全水平;内容涵盖航空器设计、制造和使用、维修全过程,是全寿命期的适航管理;航空规章要求明确、系统全面,适航审定程序、方法详细、可实施性强且持续修订,这些充分说明航空法规文件体系业已成熟、完善,持续更新修订与航空科技进步相适应,与公众安全需求相适应。

3.2　美欧航空法规文件体系

3.2.1　美国 FAA 航空法规文件体系

美国民用航空是世界民用航空的先行者、引领者,联邦政府早在 1926 年 5 月 20 日就通过了《商业航空法案》(*Air Commerce Act*),至今已历经 90 余载,在“立法定标”方面始终是国际民用航空的“领头雁”。

FAA 根据联邦航空法规制定并颁布了联邦航空条例等一系列规章和文件,形成了完整的航空法规文件体系。FAA 航空法规文件可分为以下两类:

一类为法规性文件,如联邦航空条例(FAR)、特殊联邦航空条例(SFAR)、专用条件(SC)、适航指令(AD)、技术标准规定(TSO)等。需要说明,联邦航空条例修正案(Amendment)的正文也是法规文件,是联邦航空条例有效版本的组成部分,其目的在于不断完善、持续更新,保持联邦航空条例的有效性,与公众安全需求和航空科学技术进步相适应。

另一类为非法规性文件,如咨询通告(AC)、规定(Order)、通告(Notices)、指导材料、政策性资料、备忘录、手册和指南等。

联邦航空条例是美国联邦航空局(FAA)制定的民用航空规章,汇集到《美国联邦法典》第14卷(CFR14 航空航天卷)中。条例内容包括对航空器、发动机、螺旋桨及各种机载设备,从设计、制造到使用、维修等全过程的各种技术要求和管理规则,还包括航运公司和航空人员、机场、空中交通管制、维修站等各方面,是联邦航空局的主要法规,是必须遵守的法令。

美国联邦航空条例条款是以修正案形式不断完善制定的案例法规。法规条款的每次修订都有其安全性理由,并伴随有技术原因、认知限制或者对灾难性事故惨痛教训的总结,是在民用航空工业技术发展历程中凝练出来的,保证公众利益、生命和财产的最低安全要求。联邦航空条例使用过程中,通常会有一些 FAA 的政策(Policy)、咨询通告、备忘录(Memo)、指南(Guidance)和其他标准等,为工业界和审定人员提供指导,并且每一条款都广泛征求了工业界的意见,其修订的原因、安全性理由、关键点、经济性等都是进行了深入的讨论后才确立的。

美国航空工业的技术创新、领先发展和民用航空安全飞行经验的丰富积累,以及专设的航空立法咨询委员会(Aviation Rulemaking Advisory Committee,ARAC)形成的所有与飞行安全相关的建议和推荐材料,使联邦航空法规文件,始终成为世界各国民用航空主要法规文件制定的蓝本。

3.2.2 欧盟 EASA 航空法规文件体系

欧洲航空安全局(EASA)航空法规文件体系是随着欧洲地区一体化的推进和大型运输机的研发需求,基于其前身 JAA 制定的联合适航要求(JAR)文件体系,考虑欧洲航空工业制造特点,依据 2002 年欧盟议会颁发的第 1592/2002 号欧盟议会条例建立的 EASA 航空法规文件体系,突出更有效地对欧盟成员国合作的(空客)大型运输类飞机和众多小型航空器进行适航管理(型号合格审定和持续适航管理)。

EASA 航空法规文件体系分为以下 3 个层次:

① 第一层次:基本法(Basic Rules),欧盟议会条例第 1592/2002 号规定了欧盟为保证航空安全和环境可持续发展制定的通用规则和要求,具有欧盟强制实施法规权利。

② 第二层次:实施法规(Implementing Rules),按 EASA 规划顺利实施的法规包括:型号合格审定、持续适航、运行和环境保护 4 部分。

型号合格审定法规为欧盟议会条例第 1702/2003 号,包括附件 21 部(航空器和相关产品、零部件的适航审定和环境审定以及设计和生产机构审定);

持续适航法规为欧盟议会条例第 2042/2003 号,包括附件等;

运行和环境保护两部分尚待立法。

③ 第三层次:合格审定规范(Certification Specification,CS)和可接受的符合性方法材料(AMC)/指导性材料(GM)。

合格审定规范(CS)由原 JAR 适航标准中 JAR23、25、27、29 等转化为 CS - 23、CS - 25、CS - 27、CS - 29 等。规范性材料和指导性材料分立、放在一个层次,成为 EASA 与 FAA 两者航空法规文件体系的典型区别。

3.3　CAAC 航空法规文件体系

中国民用航空局(CAAC)自 20 世纪 80 年代,在我国航空工业转型发展,大型客机自主研发和国际合作转包生产需求的推动下,加速了中国民用航空法规的制定和完善,形成体系。

中国民用航空法规立法工作受到当时我国民用航空基础十分薄弱、民用航空法规缺乏,经验有限等多种因素制约,确定以《国际民用航空公约》的有关附件为基础,参照美国联邦航空条例 FAR,结合我国民用航空局已颁发的规则和文件中的适用部分起步,进行我国民用航空规章制定。

1985 年 12 月 31 日,中国民用航空局发布中国民用航空规章第 25 部《运输类飞机适航标准》(CCAR - 25),中国民用航空立法迈出了标志性的一步。1987 年 5 月 4 日由国务院发布《中华人民共和国民用航空器适航管理条例》,于同年 6 月 1 日起实施。1987 年 10 月 21 日由国务院发布《中华人民共和国民用航空器国籍登记条例》,于同日起实施。

《中华人民共和国民用航空法》于 1995 年 10 月 30 日第八届全国人民代表大会常务委员会第十六次会议通过,1995 年 10 月 30 日中华人民共和国主席令第五十六号公布,自 1996 年 3 月 1 日起施行。

我国民用航空规章 CCAR 条款制定与美国 FAR 不同。《中华人民共和国民用航空法》1996 年 3 月施行,而《中华人民共和国民用航空器适航管理条例》和《中华人民共和国民用航空器国籍登记条例》先于 1987 年实施,当时正处在独立制定、修订中国民用航空规章(CCAR)条款的过程之中。

参照 FAR 法规,引用,并随 FAR 修正案而持续进行修订,制定与修订 CCAR 条款可立竿见影地实现法规上与国际适航标准迅速接轨,有利于我国民用航空、特别是大型客机研制和进入国际市场。当然,引用 FAR 法规,由于缺少对条款修订的提出、讨论和接受的中间过程,以及对相应指导、辅助材料的了解,会不可避免地影响使用法规的相关设计人员和审定人员对适航标准的内涵(安全性需求、关键点)和经济性权衡考虑的深刻理解,影响型号合格证申请和适航审定。

中国民用航空法规文件体系如图 3 - 1 所示,分为法规类和非法规类两大类。

1. 法规类文件

国家法律、行政法规和航空规章等法规性文件,具有法律约束力,强制执行。

(1)《中华人民共和国民用航空法》

《中华人民共和国民用航空法》是由全国人民代表大会常务委员会批准通过的国家法律,是我国制定各项民用航空规章的依据。制定的目的是为了维护国家的领空主权和民用航空权利,保障民用航空活动安全和有序地进行,保护民用航空活动当事人各方的合法权益,促进民用航空事业的发展。

(2)《中华人民共和国民用航空器适航管理条例》

《中华人民共和国民用航空器适航管理条例》由国务院批准通过并发布,属国务院法规,是进行航空器适航管理的依据。制定的目的是为保障民用航空安全,维护公众利益,促进民用航空事业的发展。

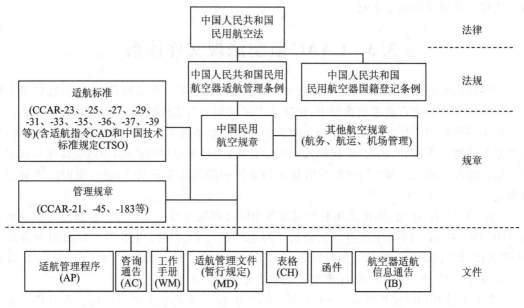

图 3 - 1 中国民用航空法规文件体系

（3）《中华人民共和国民用航空器国籍登记条例》

《中华人民共和国民用航空器国籍登记条例》由国务院批准通过并发布，属国务院法规，是进行航空器国籍登记的依据。制定的目的是为了加强对民用航空器国籍的管理，保障民用航空活动安全，维护民用航空活动秩序。根据《中华人民共和国民用航空法》的规定，制定本条例。

（4）中国民用航空规章

中国民用航空规章（CCAR）是依据《中华人民共和国民用航空法》以及国务院有关行政法规，由中国民用航空局制定、发布的涉及民用航空活动的专业性规章，具有法律效力。民用航空规章由适航标准、管理规章和其他航空规章三部分构成。制定的目的是为中华人民共和国境内的各项民用航空活动制定具体的规章要求，以符合《中华人民共和国民用航空法》的要求。

中国民用航空规章引用美国联邦航空条例 FAR 及其修正案，结合我国的实际情况进行制定和修订，目的是保持规章的有效性、实用性和先进性。如中国民用航空规章第 25 部《运输类飞机适航标准》（CCAR - 25），1985 年 12 月 31 日制定，1990 年 7 月 18 日第一次修订。1989年 7 月至 1994 年 6 月，美国联邦航空局对 FAR - 25 部共发表 16 项修正案，即修正案 25 - 67至 25 - 82，为此，中国民用航空局于 1995 年 12 月 18 日对《运输类飞机适航标准》进行第二次修订，形成 CCAR - 25 - R2。这次修订内容涉及约 25% 的条款。1994 年 6 月至 2000 年 9 月，美国联邦航空局对 FAR - 25 部共发布了 18 项修正案，即修正案 25 - 83 至 25 - 100。为保持我国适航标准与国外适航标准的一致性，中国民用航空局于 2001 年 5 月 14 日第三次修订《运输类飞机适航标准》（CCAR - 25 - R3）。对结构疲劳评定、结构载荷要求等有关的条款内容作了增补。2010 年中国民航适航司发布了《中国民用航空局关于第四次修订〈运输类飞机适航标准〉的决定》版草案，纳入了 FAR - 25 部第 25 - 101 号修正案至 25 - 125 号修正案的相关内容。2011 年 11 月 7 日中国民用航空局正式颁布《运输类飞机适航标准》第四次修订 CCAR -25 - R4。持续更新修订，以保持航空规章的有效性和先进性，与公众利益安全需求和航空科技发展相适应。

2．非法规类文件

非法规类文件作为法规实施细节和指导性文件。

（1）适航管理程序

适航管理程序（AP）是中国民用航空管理规章的实施细则和具体管理程序,使规章的执行更具操作性,更规范。适航管理程序由民航局航空器适航审定司司长批准发布,是各级适航部门的工作人员从事适航管理工作时应遵守的规则,也是民用航空器设计、制造和使用、维修的单位或个人应遵守的规则。适航管理程序在目前情况下是适航管理的必要补充,是具有约束力的规范性文件。

（2）咨询通告（AC）

咨询通告（Advisory Circulars,AC）是适航当局按指定的航空规章条款主题范围发布,以提供对法规理解的指导和信息,或表明适航当局可接受的满足相关航空规章条款要求的方法（符合性证明方法）。当按航空规章进行符合性证明时,可以适用的咨询通告（AC）为指导。

咨询通告（AC）也是适航部门向公众公开的、对适航管理工作的政策以及某些具有普遍性的技术问题的解释性、说明性和推荐性文件和指导性文件。由民航局航空器适航审定司司长批准并发布。咨询通告不是强制执行的。

（3）其他文件

① 适航管理文件（MD）:航空器适航审定司下发的暂行规定或对民用航空管理工作重要事项做出的通知或决定。

② 工作手册（WM）:航空器适航审定司下发的规范从事民用航空管理工作人员具体行为的文件。

③ 信息通告（IB）:航空器适航审定司下发的反映民用航空活动中出现的新情况以及有关民用航空的法律、行政法规、规章的制定和执行情况或对民用航空管理工作中存在的问题和国内外有关民航技术上存在的问题进行通报的文件。

④ 表格（CH）:由航空器适航审定司以表格形式印刷下发的各种申请书、证件或要求填报的表格等。

3.4　航空规章的法律特性

3.4.1　航空规章的强制性

民用航空规章依据《中华人民共和国民用航空法》和政府行政法规、由政府主管部门——中国民用航空局制定、发布。制定目的是保障民用航空活动的安全和有序进行,保护民用航空活动当事人各方的合法权益、促进民用航空事业的发展。法规性,决定了民用航空规章是国家法规的一部分,具有国家法律效力,执行具有强制性,任何从事民用航空活动的单位和个人都必须严格遵守。

美国联邦航空条例 FAR 本身就是法规,列入《美国联邦法典》第 14 卷（CFR14 航空航天卷）。欧盟 EASA 航空法规是由欧盟议会通过并颁布的欧盟议会条例,列有编号的法规文件。中国民用航空规章由政府主管部门——中国民用航空局制定,经批准后发布,是专业性的、具有法律效力的法规。这说明,世界各国民用航空规章都具有法律强制效力。

民用航空规章内容也阐明了强制执行的必要性。适航标准,是对航空器安全水平要求进行控制而制定的;适航管理是对航空器型号合格审定和持续适航规定的监督、管理控制程序和方法;其他有关航空器服务保障设施、条件的要求也列入管控工作,形成了一个从航空器设计、制造到使用、维修全过程、全寿命期的管控体系。关系公众生命财产安全,维护公众利益的宗旨,决定了民用航空规章必须强制执行。

3.4.2　航空规章的国际性

民用航空舒适快捷,大大缩短了出行,特别是国家间交通往来时间,增进国际交往,应用范围遍及全球。许多国家建立了自己的航空工业、航空公司,推进民用航空产业发展。

民用航空器,既是重要的交通工具,又是国际市场上的重要商品。民用航空从起步发展就带有很强的国际性。国际民航组织ICAO的建立和以《国际民用航空公约》附件形式制定的各种国际标准和建议措施对民用航空国际化起到了积极推动作用。

无论是航空产品的进出口,还是航空器设计、制造日益国际化的发展趋势,都决定了民用航空法规体系、适航标准、适航管理和民用航空服务保障体系等相应的国际性要求。

通过国际合作和协调,制定在国际上能得到普遍认可的适航标准、适航管理程序和服务保障,既保护国家利益,又能扩大国际市场。

3.4.3　航空规章的完整性

航空规章的完整性包含着整体完整性和过程完整性两个方面,即航空规章体系贯穿于和航空活动相关的各个专业领域,也贯穿于材料、设计制造和运营全过程。

整体完整性是指航空器整体与航空器部件或子系统性能的整体性能与操纵特性;航空规章必须考虑和要求满足系统工程的整体性。有时局部的改变会影响全局,即牵一发而动全身。对航空器而言,新材料、新工艺、新技术、新设备的采用,或部件更新(如更换发动机),都必须从影响航空器整体性能与操纵特性的角度予以考虑。

过程完整性是指航空器从设计制造到使用维修,直至退役的全过程,实施以安全为目的的、统一的、闭环式的、用于审查/鉴定/监督的适航管理规章体系。适航管理的完整性既是客观的要求,也是把握客观事物发展规律的要求。

航空器作为一个整体,相关专业的知识、技术、经验、信息和要求有机结合、相互补充和利用,是保证民用航空不断改进和发展,始终处于安全运行状态的有效措施。

3.4.4　航空规章的公开性

航空规章既体现了公众对航空安全需求,也反映了百余年来航空安全实践成果。源于全人类共同期望,共同拼搏取得的航空安全宝贵知识成果,没有知识产权限制,没有国别限制,各国公众都享有同等安全水平航空出行的权利。因此,各国适航标准都是公开的,公众可接受的最低安全水平也是一致的。

适航标准的公开性还体现在公众不仅可以见到标准文本,还可以通过合理的程序参与标准修订,取得公众安全需求、工业界效益和民航局监管三方都可接受的航空安全水平。

3.4.5　航空规章的动态性

航空规章实时持续修订和完善,既能反映适航标准最新要求和技术进展,保持航空规章适航标准的有效性、实用性和先进性,也与公众安全利益需求和航空科技发展相适应。航空规章的不断修订与完善,首先是确保航空器飞行安全的需求,及时纠正实际飞行安全事故反映出来的适航标准缺陷或约束力不够,以避免此类飞行安全事故的再次发生,随着事故原因、机理分析研究的进展,规章条款持续修订可能长达二三十年甚至更长;其次,随着航空科技进步和民用航空的发展,新的设计思想和方法、新材料、新制造方法、新技术、新设备的采用,必须淘汰规章中落后的技术内容,增加新的适航标准条款或内容(包括咨询通告的指导性建议);再有就是国际上各国间适航标准的协调、适航合作引起的修订,如在保证飞行安全的前提下,为提高航空器产品经济性,FAA 与 EASA 进行了适航标准的协调修订。

适航规章的修订和完善主要方式有两种:

① 采用修正案形式更新适航标准,以提高相应航空产品的安全性,如适航标准 FAR - 25.571 的更名和持续修订。从 1965 年首次颁布到 2010 年 11 月截止,重大修订已达 7 次,每次修订都建立在航空安全事故调查研究或航空科技进步的基础之上,至今已 50 余年。

② 以适航指令(AD)的方式及时对航空器投入运行后出现的不安全状态(如设计和制造缺陷引起的不安全因素)规定相应的检查要求、改正措施或使用限制,并要求在限定的时间内完成相应的工作,从而管控此类飞行不安全状态的再次发生而造成的影响。

3.5　适航标准的制定和修订

3.5.1　适航标准的制定与修订原则

适航标准是以管控航空器适航性(安全水平)为目标的管理技术标准,具有强制性、国际性、完整性、公开性和动态性等法律特性。适航标准制定与修订的原则如下:

① 以公众可接受的最低安全水平作为航空器安全性标准。适航标准又称为最低安全标准。"最低"有两层含义:一是表明该标准是航空器基本的、起码的、公众可接受的安全水平底线;二是表明该标准执行所承担的经济负担最轻,体现航空器安全性与经济性之间可接受的平衡。适航标准中经常出现的"将……危险减至最小"词句,其含义是将某种潜在"危险"出现的可能性降低到公众可接受的最低安全水平。这就是说,若进一步降低,某种潜在"危险"出现的可能性就会增加。适航标准中,也允许"等效安全",但为此要付出额外的验证/证实代价,增加经济负担。目前,国际上民用航空器的设计、制造保持的安全水平都高于适航标准要求,民用航空活动的安全记录也证明了这一点。

② 与民用飞机设计创新发展需求相适应。民用飞机设计,从小飞机到大型客机,从螺旋桨飞机到喷气飞机,从短途到环球飞行等,支撑技术和认知水平要求不同,适航标准内容和要求也不同。适航标准的制定与飞机设计创新发展相适应并持续修订,动态更新成为必然。

③ 针对事故案例调查分析持续修改。适航标准针对案例修订是指以航空器运营中出现

的问题、事故,尤其是空难事故调查结果为背景,针对相关规章条款,给出修订建议,进而形成修订意见:修正案、咨询通告或指导性资料等文件。这样,对航空规章每一条款的修订均可以由其更改,追溯到源头的触发事件(安全或技术事故)及其对安全性的影响,从而保证了航空器审定人员以及工业界设计人员都能够对每项航空法规条款的要求有深入的理解和认同,促进航空器适航性更好地得到保证。

④ 新技术、新材料、新工艺的采用影响安全性评估时须提出适航审定要求。任何一种新技术、新材料、新工艺在民用航空器上应用,都有一个逐渐成熟、完善的过程。同样,其对航空器整体性能和操纵特性的影响,及其对航空器适航性的影响也是一个逐步深化认知的过程。持谨慎态度,以专用条件或发布咨询通告等指导性文件,保持航空器具有适航标准要求的安全水平,并持续修订相关适航标准条款。

⑤ 因国际适航合作与协调要求,对适航标准进行协调修订。

⑥ 纠正标准错误和缺陷,删除已被淘汰的技术所对应的原标准内容。

⑦ 科学、严谨、稳健持续修订。

航空器是一个复杂系统,适航标准的制定与修订涉及气动、结构、动力、飞控、航电等系统和软件,以及物理、力学、材料等基础学科。有的条款可能要随着科学技术进步,持续修订达二三十年。从复杂系统工程的视角,研究航空器适航安全性已提上日程。

总之,适航标准条款每次修订都有其安全性理由,且伴随有技术原因和/或认知限制或者对航空事故惨痛教训的总结,是在民用航空工业技术发展历程中凝结出的保证公众生命财产的公众可接受的最低安全水平要求。认真研究适航标准的内涵及其安全性理由,对理解和选择航空器型号设计适用的适航标准条款、建立型号合格审定基础是十分重要的。

3.5.2 适航标准与民用飞机设计协同制定和持续修订

适航标准是民用飞机颁发和更改飞机型号合格证应符合的航空规章法定的适航准则。型号合格证的申请人必须表明符合适航标准中适用的要求,所以适航标准与民用飞机型号设计协同制定和持续修订。

早期飞机设计,实际上借鉴了地面公路交通运输和海洋船舶运输相关法规。例如,当时国际公认飞机机体结构设计只要在静强度设计中考虑适合的安全系数就可以保证机体结构飞行使用安全,与空难事故并无直接关系。但早在1930年人们就已认识到飞机机翼气动弹性现象(如副翼颤振、机翼弯扭颤振、操纵反效和机翼发散),也意识到机翼气动弹性问题很可能会成为飞机安全事故的主要原因之一。当时,对飞机出现的气动弹性问题,通常采用增加机翼扭转刚度和操纵面质量配平等方法处理解决,并列入适航标准条款。

随着民用航空运输业的发展,人们开始认识到,不是所有民用航空器都能满足安全运输的需求,民用航空器必须满足一定的设计和维修要求,为此提出相关法规,适航标准正是由此而来。此后,适航标准与民用飞机型号设计协同制定和持续修订,确保民用飞机飞行安全。

运输类飞机设计发展及其与飞行安全关键要素的变化(见表3-1和表3-2),充分说明了适航标准制定和持续修订的缘由。

表 3-1 运输类飞机设计发展历程

时 间	阶 段	飞机型号
早期(1926—1958 年)	螺旋桨客机为主阶段	DC-3 等
初期(1958—1985 年)	喷气客机研发阶段	B707、B737-300 等
近期(1985—1997 年)	干线客机市场阶段	B737、B747、B777、A320 系列、A330 等
现代(1997 年至今)	节能环保客机阶段	A380、A350、B787 等

表 3-2 运输类飞机设计发展与飞行安全关键要素变化

时 间	飞机设计要点	适航面临的挑战	飞行安全关键要素
早期	● 铝合金结构、平直机翼采用静强度、刚度准则设计 ● 活塞发动机或螺旋桨发动机,功率小,可靠性差 ● 系统简单、机电仪表、航空电子导航、防撞与空管无线通话系统应用	飞机适航性,飞行员培训,以及空中管理等问题提出,开始认真考虑加强飞行安全控制,防范飞行安全风险。 关于发动机故障,当时尚无太多手段提高发动机可靠性,建议采用双发或三发动机设计,改善安全性,并成为至今双发飞机能够普遍采用的重要原因。 结构设计,对重要结构部件必须能便于检查和维修	结构元件、部件强度和刚度
初期	● 采用涡喷发动机(B707)或低涵道比涡扇发动机 ● 结构设计采用破损安全设计准则 ● 航空电子设备开始采用总线技术、数字化、综合化程度提高,仪表板以电子式为主	1954 年哈维兰"彗星"喷气客机空中解体事故,是典型机身高应力/低周循环疲劳裂纹所致的事故,因此引入 FAR-25.571 条款破损-安全设计准则。 导航,防撞与空管采用无线电话、无线空管来监控、指挥空中飞行,系统可靠性成为关键	结构损伤容限特性(包括可检性),飞机各系统安全性
近期	● 采用推力大、耗油率低、停车率低、污染小、噪声小、高涵道比 7~9 的涡扇发动机 ● 机翼设计提高飞机巡航气动效率 ● 结构设计采用损伤容限和耐久性设计准则 ● 驾驶舱双人体制,液晶平板显示所有主要飞行、导航、发动机信息 ● 以运动传感器、中央计算机、作动器和电源为主组成的电传操作系统	1985 年 8 月达美航空客机降落时遭遇风切变坠毁。经 7 年研究,机载气象雷达和风切变探测预警系统成为民机的必备设备。 1988 年阿罗哈事件,美国阿罗哈公司 B737-200 爬升过程中机身客舱上部 5.5 m 长蒙皮壁板结构被掀掉,主要原因是飞机老龄化导致的广布疲劳损伤与腐蚀问题。FAA 于 1996 年提出 FAR-25-96 修正案,将抗广布疲劳损伤设计要求纳入 FAR-25.571 条款。 飞机系统复杂,包括导航、防撞与空管、飞控电传操纵系统,采用总线技术,带机械备份的电传操纵系统等,可靠性、安全性成为关键。 1996 年 7 月环球航空一架 B747 客机因油箱爆炸失事,历经 14 年调查,失事原因是油箱内油气混合物被线路短路火花点燃。为此,油箱系统开始采用充氮惰化技术,同时对所有线路采用安全性设计	结构损伤容限特性(包括可检性、可达性)、飞机系统安全性

时　间	飞机设计要点	适航面临的挑战	飞行安全关键要素
现代	● 复合材料飞机结构规模化应用，达结构重量 50%，可铺层剪裁优化 ● 设计采用高度综合的飞机系统，开放式结构中央计算机控制整架飞机的飞控系统、航电和通用系统、电刹车、电驱动。航迹显示增强视景三维合成景象 ● 采用推力大、耗油率低、环保性好、涵道比 9～11 的先进涡扇发动机	避免和/或消除复合材料固有特性可能造成的或潜在的危害，综合一体化设计（设计—制造—使用—维修全过程一体化和结构承载与设备、系统级安装的功能、闪电防护、电磁屏蔽等一体化），FAA 于 2009 年 9 月发布 AC20-107B，整架飞机高度综合复杂系统安全性，FAA 对 FAR-25.1309 进行了修订，并发布了相关咨询通告 AC25.1309-1 和-1A，给予指导，结合过程控制保证整架飞机高度综合复杂系统和软件安全性	复合材料结构损伤容限、闪电防护、油箱防静电等。整架飞机高度综合复杂系统和软件安全性

如上所述，飞机适航标准的制定和持续修订主要考虑以下几方面。

（1）飞行安全事故因果分析

飞行安全事故，特别是灾难性事故结果揭示的是适航标准的缺陷（要求不明确或无要求），是制定和修订适航标准的重要依据和参考。

自 20 世纪 50 年代以来，适航标准增加的条款几乎无一例外地与空难事故有直接关系。导致飞行安全事故的原因，可能是设计问题，也可能是适航标准缺陷（要求不明确或无要求）或认知限制。根据事故调查结果揭示的适航标准缺陷，在大量试验研究提高认知的基础上，制定新的适航标准。及时修订适航标准，以避免悲剧的再次发生。典型案例是 CCAR-25.571 条款的更名和修订。

（2）航空器设计、制造中新技术、新材料的应用指导需求

航空器是高科技的综合集成、工程化、产业化的产品。随着航空科技进步和民用航空的需求，特别是公众要求，运量迅速增加，舒适性、环保性要求标准提高，航空器设计理念更新加快，新材料层出不穷，应用扩大，适航标准条款内容需要及时针对飞行安全要素予以修订或给予可接受的符合性证明方法指导，以利于新技术、新材料的应用。适航标准的制定只反映已被证实的、成熟的技术。新设计、新材料、新工艺、新技术等在适航部门未确实判明其对航空器适航性有何种影响前，一般都不采用。系统安全要求 FAR-25.1309 的修订和 FAA AC20-107 的改版更新，是新技术、新材料成熟、并得到证实的典型案例。

此外，对新颖或不同寻常的设计特点，适航司制定并颁发专用条件规定安全要求。

（3）国际合作与协调需要

正如之前所述，现行的适航标准都是根据实践进行不断修订与完善的，任何一个适航标准从无到有、从简单到复杂，都是人们对航空器自身特性和服役使用环境认识的不断深入以及航空实践经验和人员素质提高的不断总结所形成的。

3.5.3　适航规章制定和修订程序

根据 1994 年 4 月 6 日中国民用航空总局发布的适航管理程序《适航规章及法规性文件的

制定和修订程序》(AP‐01‐2R1),相关适航规章制定和修订的程序主要包含如图 3‐2 所示的 5 个环节,其形成过程中所涉及的因素如图 3‐3 所示。

图 3‐2　适航规章制定和修订程序示图

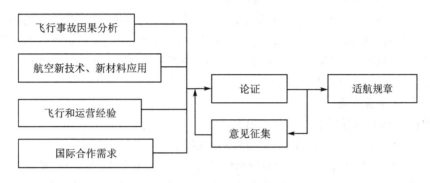

图 3‐3　适航规章条款的形成

3.5.4　适航标准要求确定的三要素

适航标准要求是公众期望的航空器可接受的最低安全水平(事故发生概率降至最低)、技术可行性(避免事故的实际可能技术支撑或认知水平)和经济约束(公众乘机支付能力)三个方面因素折中的结果(见图 3‐4),即适航规章要求是满足公众可接受的最低安全水平、避免飞行安全事故实际可行的技术要求。

适航标准要求兼顾飞机安全性与经济性,安全水平是公众可接受的最低飞行安全水平:

● 确保飞行安全情况下,适航标准是最基本的要求;
● 不追求过高的安全余度,可使满足适航标准的航空器的经济效益提高。

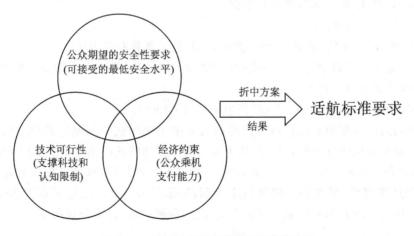

图 3‐4　适航标准要求确定三要素关系图

3.5.5　飞机适航标准分类和主要内容

1. 飞机适航标准分类

对飞机适航标准,FAA汇集在CFR14(Title 14 Code of Federal Regulation)中,通常飞机适航标准分为4类:

① 第23部适航标准:《正常类、实用类、特技类和通勤类飞机适航规定》;

② 第25部适航标准:《运输类飞机适航规定》;

③ 第27部适航标准:交通运输部关于修改《正常类旋翼飞机(小型旋翼)》的决定;

④ 第29部适航标准:交通运输部关于修改《运输类旋翼飞机(大型旋翼)》的决定。

注:中国民用航空规章第25部运输类飞机适航标准(CCAR-25-R4)(2011年11月7日第四次修订,2011年12月7日起施行)。

2. 适航标准主要内容

典型的适航标准包括以下几部分的内容:

A分部-总则:标准所适用的航空器型号和类别信息。

B分部-飞行:针对性能、操纵性和机动性、稳定性、失速等要求的符合性验证试飞。

C分部-结构:飞行和地面载荷评估要求;机体、操纵系统、起落架及其他部件的结构设计静强度和变形、疲劳损伤容限评定要求的符合性证明,以及闪电防护。

D分部-设计与构造:包括设计方法、材料制造方法、设计值、操纵系统和起落架设计、需进行的结构试验、驾驶舱和客舱设计、防火和颤振要求等。

E分部-动力装置:包括动力系统的安装及相关系统的要求,也包括了动力系统操纵、附件和防火要求。

F分部-设备:包括仪表功能和安装、电气系统、灯、安全设备等。

G分部-使用限制和资料:包括为使航空器正确运行,驾驶员和其他人员必须得到的资料,含标记、标牌、飞行手册等内容。

H分部-电气线路互联系统(EWIS):包括定义、功能和安装、系统和功能、系统分离、系统安全、部件识别、防火、电气接地和防静电保护。

Z分部-附则:规章施行日期。

附录:A到N共14项,涵盖设计示意图、准则、技术条件验证方法等。

适航标准是为便于政府管理部门或授权管理部门对航空器的安全性进行控制而制定的,多以法律条文形式出现。例如:

● 美国联邦航空条例FAR列入联邦航空法典CFR14。

● 中国的适航标准和适航管理规则均纳入由中国民用航空局制定的《中国民用航空规章》,是具有法律效力的规章,凡从事民用航空活动的任何单位和个人都必须遵守。

适航标准是人类航空安全活动的共同财富,没有知识产权限制(可以在各国航空局网站查得,如中国的适航规章,可在如下的网站中查到:http://www.caac.gov.cn/XXGK/XXGK/index_172.html? fl=13),目的就是保证航空安全,保障、维护社会公众利益。

3.6　适航标准修订典型案例

3.6.1　FAR - 25.571"结构的损伤容限和疲劳评定"的修订

运输类飞机适航标准(第 25 部)FAR - 25.571 条款是以案例,尤其是飞行事故调查分析推动修订完善航空规章适航标准条款的典型案例。

FAR - 25.571 条款 1965 年首次颁布时名称定为"航空器结构疲劳评定",是源于 1954 年 1 月"彗星号"喷气客机空难事故总结原因分析得出的。1978 年 10 月第 25 部第 45 号修正案(疲劳评审大纲修订内容),将 FAR - 25.571 条款名称改为现在的"结构的损伤容限和疲劳评定",同时,条款内容也作了重大补充修订。损伤容限成为评定重点,源于 1969—1973 年发生的多起按安全寿命设计的结构断裂破坏事故。此后,FAR - 25.571 条款第二次重大的修订是 1998 年 3 月第 25 部第 96 号修正案(结构疲劳评定),将"广布疲劳损伤"评定纳入 FAR - 25.571 条款,随后发布 AC25.571 - 1C、AC25.571 - 1D 为 FAR - 25.571 条款的合格审定和符合性验证提供指导。广布疲劳损伤的概念源于 1988 年 4 月美国阿罗哈航空飞机老龄化结构广布疲劳损伤和腐蚀问题。FAR - 25.571 条款的制定和两次重大修正案均是源于飞行事故、空难调查分析、机理研究成果,揭示出航空规章条款存在有因认知限制造成的适航要求空白,是案例性制定的法规条款。

据记载,莱特兄弟在"飞行者 1 号"(1903 年首飞的第一架载人飞行器)飞行前(大约在 1900 年)就提出要进行结构分析和试验。

1928 年英国率先出版了飞机的《强度计算手册》。这是第一部军用飞机结构设计文件,当时不是强制性的,用于指导飞机结构强度设计。

1935 年"验证载荷"(极限载荷)和极限载荷因子(极限载荷与限制载荷之比)概念的提出,为结构静强度验证奠定了基础。极限载荷因子以后成为安全系数,取值最终定为 1.5,一直沿用至今。安全系数取值为 1.5,考虑了材料性能的分散、制造标准的更新、强度计算方法的不准确性以及维修引入的损伤等,主要是从静强度保证结构安全使用考虑的。

在飞机研发过程中,与结构刚度和变形相关的气动弹性问题和飞机外载荷分析的相关气动载荷(包括突风载荷)分析计算较早地得到重视和研究,并列入强度规范结构设计要求的内容。

20 世纪 50 年代中期,英国"彗星号"(Comet)喷气客机连续发生机身爆裂坠毁事故,震惊航空界。"彗星号"飞机由英国德•哈维兰公司研制,1949 年首飞,1952 年投入航线运营,是世界上第一个航线运营的喷气飞机。事故调查、分析研究证明,"彗星号"空难事故是增压机身前逃逸舱门处的方形舷窗拐角处应力高于预期值,并且安装采用的冲击铆接方法在冲铆过程中钉孔周边材料会出现一些微裂纹(成为材料疲劳断裂源),在高应力/低周疲劳载荷作用下造成的严重恶(见图 3 - 5)。疲劳断裂的提出,正是"彗星号"客机事故对航空安全所做出的贡献。此前国际公认的结构设计只要求在静强度设计中考虑适当的安全系数。事故表明,这样的安全系数对于压力反复变化的增压机身结构安全而言远远不够。

疲劳问题的研究建立了疲劳分析和避免疲劳问题的关键设计技术——"安全寿命"设计。1965 年颁布的 FAR - 25.571 条款明确要求,座舱及相关部件必须进行循环增压载荷和其他

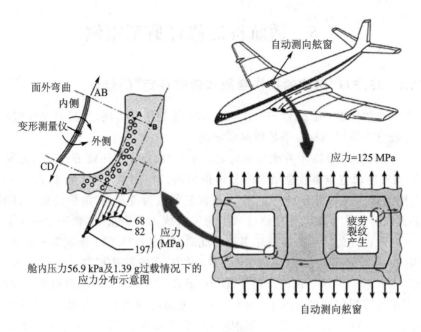

图 3 - 5 "彗星号"客机空难疲劳裂纹示图

气动载荷共同作用的疲劳试验。该条款还进一步提出了结构"破损安全"概念,即如果某一主要结构件(Principal Structural Element)失效,剩余结构必须能够承担规定的载荷而不出现灾难性的失效或者过大的变形。这就是飞机结构"破损安全"设计的基本要求。

1966 年 FAR - 25 - 10 修正案声疲劳评估,提出"声疲劳"概念,指出金属结构在声频交变负载的反复作用下,会产生裂纹或断裂,对装有涡轮喷气发动机的飞机,要求不允许产生声疲劳裂纹,并给出了声疲劳的验证要求,列为"声疲劳强度"要求。

但是,按疲劳安全寿命设计的多种飞机金属结构又出现断裂破坏事故:1969 年 F - 111 机翼枢轴接头断裂,1970 年 F - 5A 机翼中部翼梁剖面切断,1973 年 F - 4 机翼和机身对接处下耳片断裂,说明安全寿命设计的结构并不能确保飞机的安全,因为安全寿命设计没有考虑结构中初始裂纹的存在和使用中出现的微小裂纹。这些未被检出的微小裂纹在循环载荷作用下也会出现扩展,最终发展成危险的临界裂纹,导致结构断裂破坏。据此,以断裂力学的发展为技术支撑形成了"损伤容限"设计概念。美国空军在 1974 年颁布了飞机结构"损伤容限"设计规范(飞机损伤容限要求 MIL - A - 83444 (USFA))。FAA 随后于 1978 年在 FAR - 25.571 条增加了损伤容限要求。为了避免灾难性的疲劳与断裂破坏,设计上多采用破损安全设计理念,"安全寿命"和"破损安全(加探伤)"联合使用的设计方法。"破损安全(加探伤)"是"经过检查的安全"或由"检查决定的安全"。疲劳和损伤容限或耐久性和损伤容限现已成为结构设计的重要内容和符合性证明项目。

1988 年 4 月 28 日,美国阿罗哈航空的 B737 - 200 型飞机在 7 300 m 高空,一段长达 5.5 m 的机身上部结构被掀掉,造成瞬间客舱释压,一名机组人员被抛出舱外的事故。这架飞机已经飞行 89 690 次起落,早已超过设计寿命 75 000 次起落。经过 FAA、制造商和航空公司的联合调查,认为这次事故的主要原因是飞机的老龄化导致的广布疲劳损伤(Widespread Fatigue Damage,WFD)与腐蚀问题。FAA 在充分研究论证的基础上,于 1998 年 3 月 31 日提出了第

25 部第 96 号修正案(25 - 96),结构疲劳评定,"如果设计的结构有可能产生广布疲劳损伤,则必须对此作出特殊考虑"列入 FAR - 25.571(b)损伤容限评定中。

1998 年 4 月 29 日 AC25 - 571 - 1C 公布,增加关于在飞机设计目标寿命期和疲劳检查确定的门槛值内清除广布疲劳损伤的指导。2011 年 1 月 13 日发布 AC25 - 571 - 1D 则提出了用证实有效期(LOV)确保避免由于疲劳、腐蚀、环境影响、制造缺陷和意外损伤引起灾难性破坏的飞机使用寿命。

FAR - 25.571 条款修订过程从 1954 年"彗星号"喷气客机空难事故算起,至今已 60 余载,说明适航标准所列要求其背后都有其提出的安全原因和理由,并伴随有技术原因,甚至灾难性的惨痛教训;同时,也说明适航标准制定与修订的科学严谨的稳健性。结构"损伤容限和疲劳评定"现已成为飞机结构完整性的主要要求。

综上所述内容构成了航空规章 25 部适航标准结构符合性证明的基本要求。

① 在整个服役使用寿命期内,结构必须能够承受极限载荷,至少三秒钟而不破坏(CCAR - 25.305(b))。这个要求不仅适用于新结构,而且也适用于老龄结构。老龄结构是在使用寿命期内,经服役使用,材料性能有退化,并带有或者是已经检查发现但没有修理、或者在服役中检查不能接近的区域(部位)出现损伤和/或破损的结构。同时,结构必须能够承受限制载荷,而无有害的永久变形(CCAR - 25.305(a))。

② 对某些缺陷,可以通过损伤容限评定验证。损伤容限评定包括:缺陷/损伤检查、可能的损伤扩展、剩余强度、必要的修理等,同时应计及湿/热环境和重复载荷影响。

③ 其他考虑,如耐撞损性、防火、可燃性和热问题、闪电防护等。

据此形成的航空规章相关条款具有普遍适用性。因为航空器使用安全性要求并不因为结构材料、制造方法和新技术应用等的变化而改变。除非航空器安全性受到没有考虑到的、新的因素威胁。需要确保新结构与同类原结构设计安全水平相同,并且充分考虑两者差异影响,予以解决。

3.6.2　FAA AC25.1309 对飞机系统设计要求与安全性评估的修订

FAA AC25.1309 设备、系统及安装条款,对飞机系统与有关部件设计要求与安全性评估提出了适航要求,这是基于飞机系统与有关部件的功能对航空器飞行安全至关重要的地位所决定的。

现代飞机系统,指驾驶舱综合显示系统和飞行控制、飞行管理、空中交通控制、通信管理等系统,已广泛采用多功能和多接口的机载航空电子系统和电传飞行控制系统(Fly by Wire Flight Control System,FBW)。高度综合的飞机系统及其与地面指挥系统(空管、运营、维修等)融为一体(空 - 地一体化),成为一个复杂系统,飞机复杂系统和软件设计要求与安全性评估成为新技术采用的关键。FAA AC25.1309 条款对飞机系统设计要求与安全性评估修订,成为新技术采用推动航空规章适航标准修订完善的典型案例。

飞机系统及相关部件采用的新技术,主要有以下几项:

① 采用开放式结构的中央计算机取代数十条独立总线,控制整架飞机的机载设备/系统和通用系统,可实现交互式的人机接口对话。

② 机载航空电子系统高度综合,主要有:驾驶舱综合显示控制、综合数据处理、综合导航引导、综合监视与告警、航电系统与地面系统一体化以及空地运行网络化管理、数据链无缝隙

不间断服务以及通信管理。

③ 电传飞行控制系统(FBW),包括带机械备份替代传统机械操纵系统,广泛应用的主动控制技术。

④ 其他系统,如油箱燃油系统采用充氮惰化技术、所有线路采用安全设计,以及闪电防护满足防护失效容限要求。

系统设计核心是系统安全性。系统安全性是指飞机或系统在规定的条件下和规定的时间内,以可接受的风险执行规定功能的能力。运输类飞机系统安全性设计要求来自 FAR - 25.1309 条,此后,经第 25 部修正案 25 - 23(1970 年)、25 - 38(1976 年)、25 - 41(1977 年)三次修订,形成 CCAR - 25 - R4(2011 年 12 月)的 25.1309 条款。FAA AC25.1309 - 1《系统设计和分析》于 1982 年颁布,修订版 AC25.1309 - 1A 于 1988 年 6 月 21 日颁布,对系统安全性的设计要求、符合性证明方法和系统安全性评估方法等给予了指导。在系统安全性设计中,采用可靠性设计理念,失效状态强调确认和核实(Validation and Verification,"双 V"),并且引入过程控制理念进行系统安全性评估。

CCAR - 25.1309 是运输类飞机设备、系统及安装的适航标准,共有 7 条。可靠性是产品在规定条件下和规定时间内,完成规定功能的能力。CCAR - 25.1309 条款(a)不仅是对系统的总体要求,也是对系统的可靠性要求。CCAR - 25.1309 条款(b)对飞机系统与有关部件的设计进一步明确了安全性对不同危害程度的失效状态所允许出现的概率也不同。这里首先需要明确"失效"和"失效状态"概念。民用飞机领域,"失效"是指一个系统或其中一个零件丧失功能或有故障。"失效状态"是指对由一个或多个失效引起或促成的,直接或间接对飞机和乘员有关工作或环境情况不利影响的考虑。

高度综合的复杂系统以及软件、硬件,输入/输出数据量巨大,仅用试验或分析确定所有系统状态几乎不可能;或者即使可能也会因所需完成的数量太大而不切实际。为此,需要采用系统安全性评估方法,有组织地对现代飞机系统进行安全性评估,将软件、硬件等由于设计原因对系统产生重大影响的可能性降至最低(达到可以接受风险执行规定功能的能力)。

系统安全性评估方法以过程控制理念指导,将系统安全性评估贯穿于系统研发全过程,从飞机概念设计开始,提出相关的安全需求(适航标准要求),对系统设计过程进行指导和评估,修改设计再评估,交互迭代进行,直至可以证明所设计系统能满足系统安全性需求(适航标准要求)结束。证明系统安全性是保证民机系统安全性的有效技术途径。系统安全性过程控制评估方法是有力工具之一。

系统安全性评估基本内容包括,功能危险性分析(FHA)、初步系统安全性分析(PSSA)、系统安全性分析(SSA)、共因分析(CCA)四个部分。每个部分都和系统研发过程安全对应,各部分之间相互关联。

系统安全性评估过程必须进行计划和管理,以保证系统设计过程确认了所有相关失效状态,并已考虑了所有能够引发这些失效状态的重要故障组合,同时,还要考虑因综合过程所导致的附加复杂性和系统间的相互依赖关系。故此,CCAR - 25.1309 条款(d)要求用分析的方法,必要时采用适当的地面、飞行或模拟器试验来验证每个失效状态的概率和事件严重性之间存在合理而可接受的反比关系。因此,作为申请人必须对某些系统和某些功能是否符合具体的系统要求进行安全性评估,评估时要考虑所有系统的所有失效状态,目标就是要保证有一个可接受的整机安全水平。CCAR - 25.1309 条款(e)、(f)、(g)均为系统要求,主要涉及系统、设备对能源的要求。

现代飞机系统研发,同样也有空难事故因素的推动。

1983 年 9 月 1 日,苏联战机误击韩国 B747 客机——当时该机严重偏航,误入苏联领空,掠过军事重镇。事件促使美国向全球开放民用 GPS 信号,航空器开始享受精准的 GPS 导航服务。

1990 年 12 月 3 日,美国西北航空公司 DC - 9 飞机在跑道交汇点与一架该公司 B727 飞机相撞。事故原因是 DC - 9 机组人员与地面人员协调有误,地面工作人员疏导工作又存在漏洞。由此,推动了精准和及时形象感知的空中交通状况研究。

1995 年,美利坚航空公司一架 B757 飞机夜航撞山坠毁,由此推动开发了地形感知和告警系统(TAWS)。

1996 年 7 月 17 日,环球航空一架 B747 - 100 因油箱爆炸失事,机上全体人员罹难。事故原因是油箱内的油气混合物被线路短路火花点燃。事后,民航客机油箱系统开始采用充氮惰化技术,同时对所有线路采用安全性设计。

2014 年 3 月 8 日,马来西亚航空公司一架 B777 客机从吉隆坡起飞执行飞往北京的航班任务,然而该航班在飞行过程中,突然与地面失去联系。多国参与,动用多种新型设备,大面积搜救,多年尚无结论。

值得特别关注的是,美国 2019 年 3 月 13 日宣布 B737MAX 系列客机停飞,原因是 2019 年 3 月 10 日埃塞俄比亚航空公司一架 B737MAX - 8 客机失事。这是继 2018 年 10 月 29 日印度尼西亚狮子航空公司同型号客机(波音 737MAX - 8 客机)失事坠海之后,发生的第二起空难事故。两起空难“可怕的相似”,均出现了“不寻常的爬升和俯冲”运动轨迹。初步调查报告显示,客机上安装的某个迎角传感器出现故障,在短短 10 分钟的飞行过程中,客机机头被危险地向下推了达 20 多次。这说明,B737MAX - 8 客机的飞行控制系统存有缺陷或飞行不安全特征或特性。进一步的调查报告显示,驾驶舱警告系统的混乱可能导致飞机驾驶员反应迟缓。波音公司此前或许低估了大量视觉和听觉警告会在多大程度上降低飞行员迅速作出反应以避免灾难的能力,忽视了警告系统的运作时间问题,造成飞行员在同一时间内接受多重警报,无法正常判断和反应。据此,需要完善视情实时处置飞行不安全特征或特性的人为操纵系统,与借助实时监控采集飞机状态信息数据实现的人工智能操控系统,两者之间的系统/体制协调,同时改善飞机警告系统与驾驶员的交互、结合驾驶员操作和程序训练,做到能够实时有效处理各种飞行不安全特征或特性,确保飞机始终处于安全可控的飞行状态。

上述事故实例说明,现代飞机各系统在航空科技进步支撑和创新驱动下,不断发展提高,但同时也暴露出许多有待解决完善的技术问题,特别是新的适航管理问题亟待解决。

3.6.3 《复合材料飞机结构咨询通告》(AC20 - 107)的改版

航空器复合材料结构应用型号合格审定是航空器结构采用新材料、新设计、新工艺制造新结构适航审定的典型案例。

航空规章适航标准对民用航空器安全性要求并不因航空器结构使用的材料、选用的工艺技术、结构等变化而改变,同样适用复合材料飞机结构。FAA 颁布咨询通告 AC20 - 107 对复合材料飞机结构适航要求及验证给予指导,以确保改用复合材料后结构与同类型飞机金属材料设计的结构有等效或更好的安全水平,并充分考虑复合材料性能与金属性能之间差异,确保所有已知的或发现的威胁得到解决。

《复合材料飞机结构咨询通告》(AC20-107)是 FAA 针对复合材料飞机结构,其中涉及纤维增强材料,如碳纤维和玻璃纤维增强塑料,阐明了符合《美国联邦法典》第 14 卷(CFR14)航空规章第 23、25、27 和第 29 部各部有关型号合格审定要求的,一个可接受的但不是唯一的方法。AC20-107 于 1978 年 7 月 10 日颁布,用于指导当时民机复合材料尾翼结构研制和型号合格审定。

复合材料是古老的材料增强改性思想的创新发展。从稻草增强土坯、钢筋增强混凝土发展到纤维增强聚合物基(树脂基)复合材料。复合材料固有属性,纤维增强设计和热压固化成形,决定了其三个固有特性:① 复合材料的强度、刚度性能是可剪裁优化设计的;② 树脂基复合材料结构件采用模具-热压固化成形,材料在结构固化成形过程中形成(即同时性,属于内在技术制备材料),最终力学性能可能很大程度上取决于制造产品零部件所采用的工艺方法;③ 复合材料由多组分微结构物构成,使其破坏机理复杂、破坏模式多样、竞争破坏,分析预估十分困难。再有,树脂基复合材料对服役使用环境(温度、湿度)敏感,其弱的导电率(为常用铝合金导电率 1/1 000)给闪电防护、电磁兼容设计带来很大麻烦。尽管如此,复合材料,以碳纤维增强树脂基复合材料为代表,以其特别突出的高比强度、高比模量(材料强度、模量与密度之比)和疲劳特性,可以使飞机取得明显减重效果和延长检修时间等较好经济效益,应用开发备受重视。

复合材料飞机结构应用技术开发经历了如下四个阶段:结构试用与航空工业认可(碳/环氧复合材料)(20 世纪 60 年代至 70 年代中);结构应用技术研究与新型纤维/树脂开发(中模高强碳纤维/韧性环氧复合材料)(20 世纪 70 年代中至 80 年代末);主承力结构应用技术研究(20 世纪 80 年代末至 90 年代);"可买得起"复合材料结构技术研究(20 世纪 90 年代至今)。

基于 NASA(美国航空航天局)组织开展的一系列复合材料飞机结构(尾翼)应用研究计划成果和军机复合材料结构在主结构(机翼、机身)应用经验累积,FAA 于 1984 年 4 月 25 日颁布 AC20-107A,用于指导民机主结构上复合材料应用。20 世纪 80 年代以来随着适合飞机主结构应用的新型碳纤维增强复合材料和纤维自动铺放技术为代表的复合材料结构制造技术的成熟,21 世纪初在 B787 大型客机上复合材料结构实现了规模化应用(用量已达结构重量的 50%)。据此总结经验,时隔 25 年之久,FAA 于 2009 年 9 月 8 日颁布咨询通告最新版本AC20-107B。《复合材料飞机结构咨询通告》(AC20-107)的改版历程成为民机新材料应用对型号合格审定要求和符合性证明方法指导文件不断更新完善的典型案例。

AC20-107B 总则指出,本咨询通告为复合材料结构在民机关键结构(对保持飞机总体安全性至关重要的结构)应用,以及可为 FAA 接受的、民用复合材料飞机合格审定要求的符合性证明提供指导性资料。对给定用途的专用复合材料和加工工艺的独特影响因素,如复合材料环境敏感性、各向异性和非均质性可能使得结构的破坏载荷、破坏模式和位置难以确定,提出了采用按逐级研发验证的制造或修理工艺生产结构,并以结构细节的可重复性保证结构评定的可靠性。同时指出,对于一个结构,所要求的试验和/或分析的范围可能不同。这取决于其对飞行安全的关键程度、预期的服役用途、所选择的材料和加工工艺、设计裕度、破坏准则、数据库和相似结构的经验,以及影响特定结构的其他因素。

AC20-107B 咨询通告对复合材料飞机结构合格审定要求和符合性证明方法补充完善的内容要点如下:

（1）材料和制造工艺

① 强调通过充分的试制和试验进行合格审定，以证明材料和制造工艺可制造出可重复生产和质量可靠的结构，用批次验收试验或统计过程控制，保证材料性能不随时间飘移，并建立材料和制造工艺规范，保证制造出可重复的结构。复合材料和/或制造工艺的变更必须完成包括差异性试验在内的附加合格鉴定。

② 结构胶结单独列项，强调在评定与结构胶结有关的材料、胶结工艺和界面问题时，环境耐久性和长期耐久性方面的合格鉴定试验特别重要。对脱胶、开胶和弱胶结等技术问题需要有一支功能互补的团队处置。胶结的应用需要严格的过程控制并经结构完整性证实。

③ 环境考虑应制定环境设计准则，确定材料应用评定可能的临界的环境暴露，包括温度和湿度。应认识到对不同的结构细节，最恶劣的环境可能是不同的。取决于设计构型、局部的结构细节和所选制造工艺，并随环境而定的残余应力影响必须着力处理（如相连接结构件的不同热膨胀）。

④ 设计值由试验数据确定并选择，以保证整个结构的完整性具有高置信度。对非层合材料成型和先进复合材料加工工艺的设计值，必须建立在最能代表材料在零件中所呈现状态的尺度上或由材料次构件试验并结合经试验证实的分析方法确定。

⑤ 结构细节（特定结构构型）可建立包括相应设计特征（孔连接等）影响的设计值。使用经验表明细节设计不周是结构提前破坏的主要因素。

（2）结构符合性证明——静力

① 复合材料结构静强度评定应考虑所有的临界载荷情况和相关的破坏模式。2001 年 11 月 12 日一架 A300-600 型飞机从肯尼亚起飞后不久，其复合材料垂直安定面和方向舵从机身脱落，造成了机上所有 260 人和地面 5 人死亡的重大空难。经 3 年调查后发现，此事故是由于方向舵作用在安定面上的载荷、外载荷与装配应力相叠加超过了极限载荷，而导致垂直安定面与机身相连的耳片失效所致。

② 验证试验件是有缺陷/损伤结构并应包括环境影响（包括制造过程中引起的结构残余应力）、材料和工艺变异性、不可控缺陷或任何质量控制、制造验收准则允许的任何缺陷，以及最终产品维修文件所允许的使用损伤。有这些属于结构损伤容限设计划分为 1 类损伤的结构，经疲劳评定后，仍能承受极限载荷。

③ 相似设计、材料体系和载荷情况的部件极限载荷试验等所支持的分析方法是适用的。

④ 评定中对可能引起材料性能退化的重复载荷和环境暴露的影响应予以论述。同时，列举三种以前已有的方法（环境试验、超载试验、环境影响替代法试验）。

⑤ 推荐用"积木式"方法，正确考虑应力集中（如结构细节的缺口敏感性和冲击损伤）、竞争破坏模式和面外载荷。

⑥ 部件极限载荷试验应在适当环境条件下进行。如果能通过"积木式"试验可靠地预计环境影响，并在静力试验或静力试验结果分析中予以考虑，则部件静力试验可以在大气环境下完成。也可用超载试验（放大系数）考虑这些影响因素对静力试验影响，所用载荷放大系数采用"积木式"方法确定。

（3）结构符合性证明——疲劳和损伤容限

① 损伤容限破损-安全和疲劳安全寿命评定的详细计划，应注意对考虑结构的损伤容限危害性进行全面评定，包括几何形状、可控性、良好的设计实践和损伤/退化形式。

② 复合材料损伤容限和疲劳性能对结构细节有很强的依赖性,需要在部件试验中证实。除非有试验支持的分析是适用的(也可用分析方法证实)。

③ 需要用峰值重复载荷来实际验证复合材料飞机结构的疲劳和损伤容限。

④ 要考虑温度、湿度和其他环境因素影响以及飞行中可能产生的等同离散源损伤。

⑤ 提出按损伤危害性把各种损伤分为 5 个类别。2、3、4 和 5 类损伤与维修有关。1 类损伤,如目视不可控损伤 BVID,要进行疲劳评定,并预计在飞机机构寿命期内保持承受极限载荷的能力。

⑥ 用关键结构区域的结构细节、元件和次部件试验来确定结构对损伤扩展的敏感性。提出了"无扩展""阻止扩展"和"缓慢扩展"3 种损伤扩展概念。

⑦ 审定的重点是损伤"无扩展"和损伤结构的剩余强度和剩余刚度。

⑧ 相应的维修计划包括检查间隔、检查范围和检查方法。

⑨ 给出了静强度、疲劳和损伤容限验证在一个部件试验项目中完成的条件。

(4)结构符合性证明——颤振和其他气动弹性不稳定性

① 评定需要考虑重复加载、环境暴露和使用损伤事件对关键性能,如刚度、质量和阻尼的影响。

② 其他因素(如修理、制造缺陷和多层涂漆)引起的质量或刚度变化也要考虑,还要考虑毗邻高热源结构部件有关的问题。

(5)维修适航要求

① 必须明确规定,对任何结构细节的检查间隔和寿命限制以及不予修理的损伤水平。

② 已经证明,标准外场维修操作对不同型号和型别的飞机是不适用的。修理实施必须参照维修手册。

③ 强调人员培训和持证上岗。

(6)附加考虑

对耐撞损性、防火、可燃性和闪电防护给予指导,提出了适航要求,"不应降低与金属结构对应的现有安全水平"。复合材料燃烧产生多种有毒气体、结构"热损伤"、油箱闪电防护失效容限设计都是细节设计应特别关注的。

上述说明,AC20-107B 为复合材料飞机结构规模化应用提供了适航要求和验证的指导。

习 题

1. 适航标准是如何制定的?
2. 航空法规文件有哪些特点?
3. 中国民用航空器航空法规体系分几级?包含哪些内容?

第4章　航空器适航管理

4.1　民用航空器适航管理

民用航空器的适航管理是民用航空管理机构(民用航空局)对民用航空器(产品)按国家法规适航标准和程序,实施以确保飞行安全为目的的技术审定和监控。民用航空主管部门作为审定方对型号合格证申请人提出的合格审定申请要求,实施审查、批准、颁证和管理,所进行的适航管理过程称为审定过程。

航空器(产品)的适航管理必须明确以下几点:

① 管理者:政府专职主管部门民用航空局(局方);

② 管理目标:保障航空器(型号产品)飞行(包括起飞和着陆)的安全性(符合公众可接受的最低安全水平);

③ 管理性质:专业技术管理(具有法律效力);

④ 管理依据:经局方型号合格审定委员会 TCB 确定的型号合格审定基础,即针对具体航空器(型号产品)设计指标要求,依法依规确定的该型号产品适用的适航规章和环境保护要求;

⑤ 管理对象:民用航空器型号的设计、制造、使用、维修各个环节全过程、全服役使用寿命期内;

⑥ 管理工作方法:以完整的航空器合格审定和持续适航的适航证件体系和证件申请、审查、颁发、管理规程以及培训、持证上岗责任制度等,对航空器适航性进行审定和监控管理。

适航管理随科技进步和民航产业的发展而发展,同时,适航管理本身也是实践—认识—再实践—再认识的逐步完善、发展过程。

航空器适航管理的根本目的是确保每一架该型号飞机在适航状态(适合飞行)下参加飞行,即确保航空器(型号产品)始终满足型号设计、始终处于安全运行状态。

民用航空局对航空器(型号产品)的适航管理可以分两个阶段:由航空器型号研制到产品适航取证,可交付使用,对应于设计、生产和适航的型号合格审定、生产许可审定和适航合格审定三项内容构成的产品型号合格审定管理(阶段Ⅰ);以及型号产品交付使用后,全服役使用期内的产品正确使用和合适维修的持续适航管理(阶段Ⅱ)。航空器(型号产品)设计、制造和产品适航是产品使用、维修后适航的根基,决定了航空器适航管理两个阶段密不可分的关联,两个阶段仅是工作重点转换。民用航空型号适航管理工作过程覆盖飞机型号从研制起步到服役使用寿命期结束,形成完整的以确保飞行安全为目的的技术监管和全过程监控。

航空器适航管理阶段Ⅰ、Ⅱ主要工作程序如图 4-1 所示。

《民用航空产品和零部件合格审定规定》(CCAR-21-R4)规定了适用于民用航空产品和零部件的型号合格审定、生产许可审定和适航合格审定,包括相关证件的申请、颁发和管理。

型号合格审定(Type Certification)是中国民用航空局(CAAC)对民用航空产品(指航空器、发动机和螺旋桨)进行设计批准的过程,包括颁发型号合格证、对型号设计更改的批准以及

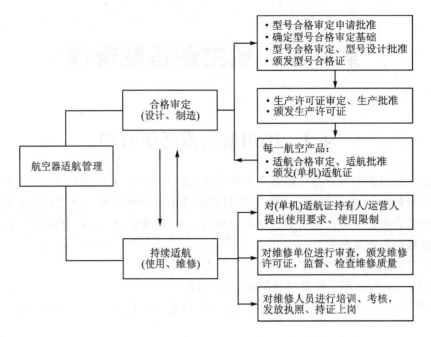

图 4-1 航空器适航管理阶段 I、II 主要工作程序示意图

技术标准规定项目批准书对设计部分的批准。

生产许可审定(Product Certification)是局方允许按照经批准的设计和经批准的质量系统生产民用航空产品或者零部件进行生产批准的过程,包括颁发生产许可证或者零部件制造人批准书、技术标准规定项目批准书对生产部分的批准。

适航合格审定(Airworthiness Certification)是局方对每一架航空器、每一个航空发动机、每一个螺旋桨或者零部件符合经批准的设计并处于安全可用状态进行适航批准的过程,包括颁发适航证。

型号合格证、生产许可证、(单机)适航证的申请颁发及证后管理,建立了从型号产品设计、产品生产到产品适航合格交付完整的型号合格审定管理体系。

持续适航(Continuing Airworthiness)管理是局方为确保航空器在其整个服役使用寿命期内的适航性所采取的所有行为(工作过程)。航空器的持续适航性由(单机)适航证持有人/营运人和型号合格证持有人双方管理部门共同保证。型号合格证或者型号认可证持有人向用户交付取得适航证的第一架航空器时,应当同时提供至少一套适航规章要求(如 CCAR-23.1529,CCAR-25.1529要求)指定的完整的持续适航文件,并可被要求符合它的其他人员和单位获得。营运人为第一责任人,按持续适航文件执行,保持航空器具有持续适航性。

民用航空局进行航空器持续适航管理旨在确保航空器在其整个服役使用期内通过正确使用和合适维修,始终保持符合其型号设计,始终处于安全运行状态。民用航空器持续适航管理包括:

① 对航空器的单机适航证持有人/营运人提出使用要求和使用限制,正确使用航空器,监督航空器整体的完整性;

② 对维修单位进行审查,发放维修许可证,监督检查维修的质量保证;

③ 对维修人员进行考核,发放执照,保证维修人员的技术水平。

关于适航管理及适航审定程序的一般性内容,请参阅中国民用航空局 CAAC、美国联邦航空局 FAA、欧洲航空安全局 EASA 的有关文件。

4.2　航空器适航三方

4.2.1　航空器适航责任三方的协同关系

航空器适航是由航空器型号设计固有安全水平所决定,并通过正确使用和合适维修而持续保持,每一架型号飞机必须在适航状态(适合飞行)下参加飞行。

民用航空器的固有安全水平是在航空器(型号产品)设计阶段(包括试制)就已确定。局方的工作是按照严格详细的审定程序对民用航空器设计、制造过程和有关的试验和试飞进行逐项审查和监督,航空器产品经适航合格审定、取得适航证后可交付、使用;营运人通过正确的使用方法和合适的维修,使得航空器的安全水平得以持续保持。这样,航空器型号设计、制造方(型号合格证申请人/持有人和生产许可证持有人),使用、维修方(单机适航证持有人和维修许可证持有人)和局方(民航地区管理局)构成航空器型号适航三个相互关联的责任主体,协同关系如图 4-2 所示。

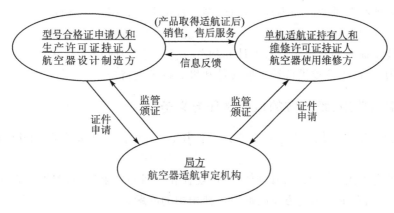

图 4-2　航空器适航责任三方协同关系示图

完善的设计、优质的制造和正确的使用、合适的维修,是在局方监控下保持航空器型号产品适航性的重要因素,在服役使用全寿命期内,三方始终都要承担相关的责任,这种责任即适航责任。适航性责任是民用航空器运行安全责任的重要组成部分。

适航性责任按责任主体划分,各负其责,同时,各责任主体又同在一个航空产业链上,彼此之间又会密切沟通、配合和协作,保持民用航空产品适航性。

4.2.2　航空器设计、制造方的适航责任与义务

航空器的固有安全水平是在型号设计阶段确定的,因此,型号设计是航空器适航责任的第一责任主体。设计保证系统应满足型号设计需求。

航空器型号设计、制造方的责任义务是:按要求设计、制造飞机,保证其符合要求,向公众表明其符合性。

《航空器型号合格审定程序》(AP-21-AA-2011-03-R4)中,定义设计保证(Design Assurance)指型号合格证申请人为了充分表明其具有以下能力所必需的所有有计划的、系统性的措施:

① 设计的产品符合适用的适航规章和环境保护要求;

② 表明并证实对适航规章和环境保护要求的符合性;

③ 向型号合格审定委员会(TCB)和型号合格审定审查组演示这种符合性。

符合性指民用航空产品和零部件的设计符合规定的适航规章和要求(CCAR-21-R4, 21.2B)。

在民用飞机领域,飞机的设计方与制造方一般在同一单位(飞机公司),飞机设计、制造单位,飞机型号合格证申请人/持有人和生产许可证持证人,承担的主要适航责任与义务如下:

① 按型号设计指标要求(性能、功能、安全性和经济性、经济效益等要求)和局方共同确定有效适用的航空规章适航标准和环境保护要求,以及民航局制定的专用条件等,形成型号合格审定基础(作为该型号产品安全性标准和评定准则),保证设计、制造的航空器符合公众可接受的最低安全水平;

② 按型号设计指标要求,一体化综合权衡设计的型号产品和零部件的设计符合规定的适航规章和要求,制造、试验、安装等符合经批准的设计;

③ 向局方证明型号产品和零部件设计、制造符合型号合格审定基础;

④ 按经批准的型号设计和经批准的质量系统重复生产产品;

⑤ 基于技术提升和使用经验对设计和制造进行改进/更改;

⑥ 向使用、维修单位提供持续适航文件和售后技术支持服务。

4.2.3 航空器使用、维修方的适航责任与义务

航空器使用、维修单位对航空器合理运营使用、合适维修负主要责任,承担的主要责任与义务如下:

① 建立航空器运行和维护、修理体系,按规程和手册的要求使用、维护和修理飞机;

② 向设计、制造单位和局方反映航空器使用中的问题;

③ 保证航空器始终处于安全运行状态;

④ 通过合适维护、修理和加改装,持续保持和改进航空器的适航性。

4.2.4 局方(民航地区管理局)的责任与义务

航空器适航由局方(民航地区管理局)进行,对航空器型号的适航性负监督管理责任,即确认、监督、检查型号合格证申请人/持证人的设计、制造是否符合要求,对(单机)适航证持有人和维修许可证持有人进行审查和监控。局方承担的主要责任与义务概括如下:

① 审批型号合格审定基础。

② 对型号设计进行设计符合性审定,颁发型号合格证。

③ 确定飞机产品的生产符合经批准的型号设计,并处于可安全使用的状态;批准生产和质量保证体系,颁发生产许可证。

④ 经持有人或所有人递交适航合格证申请、提交相关文件,并经适航检查,确认产品审定合格后颁发(单机)适航证,可以销售。

⑤ 通过颁发维修许可证,监管飞机产品使用和维修,并协助设计方解决发生的使用困难和问题。

⑥ 督促型号设计、制造、使用、维修相关企业落实本企业的适航性责任。

⑦ 对持证上岗、资格审定、人员培训等进行监管。

4.3　航空器适航证件体系

4.3.1　航空器适航的证件管理与工作方法特点

航空器适航管理,是民用航空局依法依规保障航空器飞行安全性(包括起飞和着陆)的专业技术管理,采用证件申请、颁发和管理的复杂系统工程管理方法。

① 证件名称、适用范围、批准/颁发、用途/功能,均已列入相关的民用航空规章规定,有法规依据;

② 证件申请、颁发和管理按民用航空局航空器适航审定司管理程序文件进行,严谨可操作;

③ 证件设置覆盖航空器型号设计、生产、适航和产品售后、使用、维修,全过程全服役使用寿命期内每个环节,监控管理到位;

④ 持证上岗的责任制管理,确保航空器适航管理责任的可追溯。

上述四点阐明了航空器适航证件管理的法律效力、监控的执行力和责任的可追溯力。同时,航空器适航证件的申请人/持有人的权利得到了保证。

相关证件取得后,可以开展的工作包括:型号合格证持有人的型号设计得到批准,可以交付后续生产;生产许可证持有人允许按经批准的型号设计和经批准的质量系统进行产品生产;每一取得适航证的产品可以交付;(单机)适航证持有人可以使用产品;维修许可证持有人可进行产品维修;人员持证上岗;国外航空器取得型号认可证,可在中国境内依法使用。

4.3.2　航空器适航证件体系

航空器适航证件体系由《民用航空产品和零部件合格审定规定》(CCAR-21-R4,21.2A)以及《民用航空器维修人员执照管理规则》(CCAR-66-R1)等航空规章和规定的证件构成,覆盖型号设计、生产、适航和使用、维修全过程全服役使用寿命期。

航空器适航证件体系按产品设计、生产、适航和使用、维修的顺序排列,既考虑了国产航空器和进口航空器两种情况,也考虑了航空器类型、需求等差异情况。

如前所述,民用航空产品指航空器、航空发动机和螺旋桨。针对航空器而言,按产品型号设计依据的航空规章适航标准可分为三个类别:

① 正常类、实用类、特技类、通勤类、运输类、载人自由气球航空器(均为已颁布适航规章类别航空器,CCAR-21-R4 第 21.17 条(一))。

② 特殊类别航空器,指局方指定的尚未颁布适航规章的某些种类航空器,如滑翔机、飞艇、甚轻型飞机和其他非常规航空器(CCAR-21-R4 第 21.17 条(二))。

③ 初级类、限用类、轻型运动类航空器(CCAR-21-R4 第 21.17 条(六)、21.24 条、21.25 条、21.26 条)。

航空器类别不同,证件的申请、审定、颁发和管理都有差别。

民用航空产品和零部件证件体系详见表 4－1。

表 4－1　民用航空产品和零部件证件体系

项　目	国产民用航空产品和零部件	进口民用航空产品和零部件
型号设计和依据经批准的型号设计进行生产	型号合格证(TC) 补充型号合格证(STC)(大改) 改装设计批准书(MDA)(小改)	型号认可证(VTC) 补充型号认可证(VSTC)
	生产许可证(PC) 零部件制造人批准书(PMA) 技术标准规定项目批准书(CTSOA)	用在中国境内的生产设备生产进口民用航空产品颁发生产许可证(PC); 在国外设计和制造的零部件,颁发进口零部件的设计批准认可证(VDA)
国籍登记	国籍登记证	
适航	适航证(AD) (标准适航证、特殊适航证) 出口适航证 特许飞行证 (第一类特许适航证和第二类特许适航证) 航空发动机和螺旋桨适航批准标签	外国适航证认定书
维修	维修许可证 航空器维修人员执照	

注:依据 CCAR－21－R4、CCAR－26。

民航局对民用航空产品和零部件的证件实施统一管理。民航地区管理局负责① 改装设计批准书;② 生产许可证;③ 零部件制造人批准书;④ 特许飞行证;⑤ 适航批准标签证件的受理、审查、颁发和管理。

民航局负责除地区管理局负责的证件外的、其他证件的受理、审查、颁发和管理(CCAR－21－R4,第 21.2D 条)。

4.4　证件的申请、审查、颁发和管理

1. 型号合格证(Type Certificate,TC)

型号合格证是中国民用航空局(CAAC)根据中国民用航空规章《民用航空产品和零部件合格审定规定》(CCAR－21)颁发的、用以证明民用航空产品符合相应适航规章和环境保护要求的证件。型号合格证包括以下内容:型号设计、使用限制、数据单、有关适航要求和环境保护要求,以及对民用航空产品规定的其他条件或限制。民航局对正常类、实用类、特技类、通勤类、运输类、载人自由气球或者特殊类别航空器以及初级类、限用类、轻型运动类航空器颁发型号合格证。

型号合格证申请简要流程包括航空器、航空发动机和螺旋桨的型号合格证申请人,必须按照民航局规定表格填写型号合格证申请书,并提供 CCAR－21 部《民用航空产品和零部件合格审定规定》及其合格审定程序中规定的有关文件。型号合格证申请书的有效期一般为 5 年。

如申请人在申请时证明其产品需要更长的设计、研发和试验周期,经民航局适航部门审查批准,可获得更长的申请书有效期。

型号合格证格式(民航局表格 AAC-119)包括型号合格证编号、型号合格证持有人名称、型号设计符合的适航标准、产品型号、申请日期、批准日期、批准人签署。

与型号合格审定相关的表格还包括数据单。数据单的内容包括:数据单编号,持有人名称,航空器、发动机或螺旋桨的相关参数,型号合格审定基础等。

型号合格证具有以下特征:

① 有效期:长期有效(除非被民航局暂停、吊销或另行规定终止)。

② 转让性:经民航局备案,型号合格证持有人可将其转让他人。

③ 权利:拥有型号合格证后所获得的进一步权利包括,通过对相关适航标准的符合,获得其他相关证件。

2. 补充型号合格证(Supplemental Type Certificate)

在进行补充型号合格证说明之前,首先需要明确航空产品型号设计更改,一般分为小改和大改。小改,指对民用航空产品的重量、平衡、结构强度、可靠性、使用特性以及对民用航空产品适航性没有显著影响的更改;而大改指对“小改”以外的其他更改。型号设计更改还可分为“声学更改”和“非声学更改”;“排放更改”和“非排放更改”。

补充型号合格证是指非型号合格证持有人对经过批准的民用航空产品型号设计进行大改时,由适航当局向申请人颁发的证明其型号大改符合适用的适航标准和适航当局确定的专用条件,或具有与原型号设计等同的安全水平,在运行中没有不安全的特征或特性的证件。

获取补充型号合格证书的一般流程为:补充型号合格证申请人填写补充型号合格证申请书,并提供设计大改证明性和说明性资料。在申请人提出申请后,民航局会对相关文件进行符合性审查,民航局确认产品的设计大改符合有关的适航标准和噪声标准,以及其他专用条件,其安全水平等同于该产品原型号设计批准时建立的安全水平时,即可颁发补充型号合格证。

补充型号合格证持有人的权利与型号合格证持有人的权利相同。

补充型号合格证的格式包括补充型号合格证编号、补充型号合格证持有人名称、补充型号设计符合的适航标准、产品型号、申请日期、批准日期、批准人签署等。

与补充型号合格证相关的表格还包括数据单。数据单的内容包括数据单编号,持有人名称,航空器、发动机或螺旋桨的相关参数,型号合格审定基础等。

3. 改装设计批准书(Modification Design Approval)

改装设计批准书是指非型号合格证持有人,对型号设计进行“小改”,适航当局向申请人颁发的符合适用要求的证件(CCAR-21-R4 第 21.114 条)。

4. 型号认可证(Validation of Type Certificate)

型号认可证是对进口航空器、航空发动机和螺旋桨的型号合格证及其数据单(外国适航当局颁发)认可批准的凭证。任何单位或个人,进口外国生产的任何型号的航空器、航空发动机和螺旋桨,如系首次进口并且用于民用航空活动时,均需取得型号认可证才准予进口。

获取该证书的一般流程为:民航局适航部门在收到申请人提交的航空产品型号认可证申请书和资料后,经审核符合要求,则发出受理通知书。经审查符合 CCAR-21 部及其合格审定程序规定要求的,即可批准向申请人颁发型号认可证及型号认可证数据单。

型号认可证格式包括证件编号、持证人、产品名称、型号、外国颁发型号合格证 TC 的适航当局名称等。

5. 补充型号认可证(Supplemental Validation of Type Certificate)

补充型号认可证是对进口的民用航空产品,在已获得型号合格证或型号认可证后,经"大改"时,对国外适航当局颁发的补充型号合格证认可批准的凭证。

获取该证书的一般流程与型号认可证相同。

补充型号认可证持有人的权利与型号认可证持有人的权利相同。

6. 生产许可证(Production Certificate,PC)

生产许可证是适航部门对已获得民用航空产品型号设计批准,并欲重复生产该产品的制造人所进行的资格性审定后所给予的凭证,以确保该产品符合经民航局批准的型号设计要求。

利用在中国境内的生产设备生产具有型号认可证或者补充型号认可证的民用航空产品可申请生产许可证(CCAR - 21 - R4,第21.133条(一)、4)。

获取生产许可证的一般流程为:申请人在获取型号合格证、型号合格证的权益转让协议书、补充型号合格证、型号设计批准书任何证件之一的前提下,按规定填写民用航空产品生产许可证申请书,并提供相关材料;在受理后,对申请人的质量控制资料、组织机构和生产设施进行审查,如申请人符合CCAR - 21部的规定和要求,可确保每一产品能符合型号合格证件的设计要求,则颁发证书。

生产许可证持有人的责任包括:保证质量控制系统持续符合获得生产许可证时批准的质量控制资料和程序;保证每项提交适航性审查或批准的产品符合型号设计,并处于安全可用状态;对其转包制造人进行监督、检查,以符合经批准的质量控制系统要求,保证转包制造人接受民航局适航部门必要的检查;如发生缺陷或失效时,应采取措施限期改正。

生产许可证持有人的权利包括:无须进一步证明即可获得航空器的适航证(适航管理部门有权检查产品是否符合批准的型号设计,并处于安全可用状态);如为发动机、螺旋桨,可获得适航批准书,允许装在经过型号合格审定的航空器上,但适航管理部门有权检查产品。

7. 零部件制造人批准书(Parts Manufacturer Approval,PMA)

零部件制造人批准书是适航管理部门批准安装在已获得型号合格证件的航空器上,作为加、改装或更换用的材料、零部件和机载设备的凭证。

该证书申请的基本要求为:填写零部件制造人批准书申请书;提供说明零部件构型所需的图纸和技术说明书,确定零部件的结构强度所需的尺寸、材料和工艺资料,用于表明适用技术标准的试验报告和计算。

8. 技术标准规定项目批准书(Certificate Technical Standard Order Approval,CTSOA)

技术标准规定项目批准书是规定装于民用航空器上的材料、零部件和机载设备的最低性能标准,是批准技术标准规定项目的制造人设计和生产合格的凭证。

技术标准规定项目批准书申请的基本要求为:按照规定格式提交申请书;说明所依据的技术标准规定,如尚未颁发适用的技术标准规定,应提交一份最低性能标准的建议书;报送一份工作进度,包括提交技术标准中要求的技术资料、各种性能和环境试验及质量控制系统资料的时间;若偏离技术标准规定时,应提交一份偏离申请,并说明偏离理由。

9. 设计批准认可证(Validation of Design Approval)

在国外设计和制造的零部件,颁发进口零部件的设计批准认可证(CCAR - 21 - R4,21 - 371条)。

10. 国籍登记证（Registration Certificate）

国籍登记证是民用航空器登记注册的凭证，从事飞行的民用航空器必须随机携带国籍登记证。

申请人提交申请书和证明文件并向民航局申请，经审查合格，由中国民用航空局颁发国籍登记证。

该证除非注销登记，否则长期有效，但不可转让。

11. 适航证（Airworthiness Certificate，AC）

适航证是民用航空器符合经民航局批准的型号设计，并能安全使用的凭证，是针对每架飞机适航性的证明。

适航证的类别分为标准适航证和特殊适航证两种类型。

① 标准适航证，对正常类、实用类、特技类、通勤类、运输类航空器，载人自由气球、特殊类别航空器（如滑翔机、飞艇、甚轻型飞机和其他非常规飞行器）颁发标准适航证；

② 特殊适航证，对初级类、限用类、轻型运动类航空器，以及局方同意的其他情况，颁发特殊适航证，特殊适航证分为初级类、限用类和轻型运动类三类。

适航证的有效期为自签发之日起至下一年度的 12 月 31 日。有效期满前一个月，须进行申请，以重新签发。取得适航证后，应将其置于航空器上明显处，以备查验。而适航证的转让，必须随飞机一起转让。

适航证格式包括适航证编号、类别、国籍和登记标志、航空器型号及制造者等，如图 4-3 所示。

图 4-3 民用航空器标准适航证

适航证的申请资格为：

① 任何具有中国国籍的民用航空器的所有人或使用人；

② 任何以合法方式使用具有外国国籍的适航证的民用航空器的中国使用人。

申请适航证的基本要求为：

① 填写适航证申请书或外国航空器适航证认可书申请书；

② 提交相关文件，包括航空器制造国的出口适航证，外国航空器的适航证复印件等。

针对不同情况，颁发适航证须具备的条件如图 4-4 所示。

在航空器经申明并被批准的用途和使用限制条文中，对适航证所使用到的飞行类别进行了明确的界定，规定使用飞行类别有：

① 运输类：用于商业性的客、货运输飞行；

② 专业类：用于通用航空的专业飞行；

③ 初级类：滑翔机、载人气球、甚轻型飞机在规定的限制条件下飞行。

适航证吊销的情况有：

① 进行了适航证规定使用类别外的飞行；

② 未按批准的维修大纲进行必要的维修；

③ 未在规定时间内达到民航局的适航指令要求；

④ 维修或改装工作违反了规定的要求和程序；

⑤ 未按规定的期限完成年检；

⑥ 其他对安全有不利影响的情况。

适航证存在暂停有效性，主要包括以下几种情况：

① 存在某种可疑的危及安全的特征；

② 遭到损伤而短期内不能修复；

③ 航空器封藏停用。

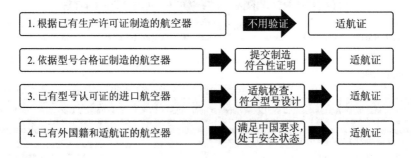

图 4-4 颁发适航证需具备的条件

12. 出口适航证（Export Certificate of Airworthiness）

民用航空产品、零部件出口，需要申请出口国适航管理当局的出口适航证或者出口适航标签，作为出口适航批准。

出口适航证一般分为 3 类：

① Ⅰ类：指具有型号合格证的航空器、航空发动机和螺旋桨；

② Ⅱ类：指产品破损后会危及Ⅰ类产品安全的主要部件；

③ Ⅲ类：除Ⅰ类和Ⅱ类以外的产品。

出口适航证的颁发随产品类别不同而有所变化：

① Ⅰ类产品

● 符合颁发适航证的要求；

● 使用过的航空器经过年检，并满足持续适航要求；

● 旧发动机或螺旋桨需要重新检修，新产品需要满足型号设计要求。

② Ⅱ类产品

● 符合批准的设计，并处于安全可用状态；

● 产品上标有制造人的名称、零件号、序列号等。

13．外国适航证认可书 (Validation of Foreign Airworthiness Certificate)

外国航空器适航证认可书是外国国籍及适航证的航空器，在其型号设计已经被民航局批准或认可，满足中国适航要求，处于安全可用状态的凭证。

14．特许飞行证 (Special Flight Certificate)

对尚未取得有效适航证的航空器，根据需要做特定用途飞行时，需要申请特许飞行证。

① 第一类特许飞行证：为试验航空器新的设计构思、新设备、新安装、新操作技术及新用途而进行的飞行，符合性证明验证飞行，生产试飞，调机，机组训练，表演，市场调查，体育，交付试飞等；

② 第二类特许飞行证：对尚未取得有效适航证或者目前可能不符合有关适航要求，但在一定限制条件下，能够安全飞行的航空器，为改装、修理航空器的调机飞行，为交付或出口航空器而进行的调机飞行，为撤离危险地区而进行的飞行等。

符合以上条件的申请人需要提交按规定填写的民用航空器特许飞行证申请书、申请的使用限制建议，并提供制造人的《制造符合性声明》，经适航检查，并提出确保飞行安全的限制条件后，颁发相应的特许飞行证。

对特许飞行的飞行器的基本要求和限制如下：

① 对于尚无国籍和登记标志的航空器，管理部门将指定临时识别标志。

② 不得搭载与该次飞行无关的人员。

③ 飞行活动应避开空中交通繁忙的区域或可能对公众安全发生危害的区域。

④ 飞行活动应在飞行手册所规定的性能限制和管理部门提出的其他限制条件下进行。

⑤ 取得第一、二类特许飞行证的航空器不得用于以赢利为目的的运输或作业。

⑥ 特许飞行证的有效期由局方规定。

15．适航批准标签 (Airworthiness Approval Tag)

对航空发动机和螺旋桨颁发的适航批准证明。

16．维修许可证 (Maintenance Permit)

凡承担在我国注册登记的民用航空器和航空器部件维修业务的单位或个人，需要向民航局适航部门申请维修许可证。

国内维修许可证长期有效，国外或地区维修许可证有效期不超过两年。维修许可证不得转让。

符合 CCAR - 145 部的要求，具备维修条件的申请人按照规定填写并提交维修许可证申请，并按照《维修许可证申请指南》有关条款，提交材料；对于符合 CCAR - 145 部规定的，则颁发维修许可证。

17. 维修人员执照（Maintenance Personnel License）

对从事民用航空器维护、修理、维修检验和直接维修管理的人员实行执照制度，以保证航空器的持续适航性和飞行安全。主要包括维修人员执照、部件修理人员执照和维修管理人员资格证书。维修人员执照 5 年一审，不能转让。

申请的流程为：申请人填写申请书，经所在单位组织考试或考核，填写执照申请表和成绩单，并提交符合 CCAR - 65（民用航空飞行签派员执照管理规则）部规定的其他文件，可获得该证件。证件持有人可从事执照上注明的机型的维护和修理工作。

4.5 持证上岗与人员培训

成功的设计、制造生产和维修保障依赖于具有资质的工作团队，他们不仅在各自的技术工作中很熟练，而且在相关的工作中有良好的沟通、协作，能很好地解决处理型号研发过程和持续适航中可能出现的各种各样的问题。实践充分表明，具有资质的工作团队十分重要，起着关键性作用。

将设计、制造、生产和维修保障职能资质工作人员整合在一起，同样也是始终保证飞机安全和有效进行适航审定的关键。

对飞机结构，设计-制造一体化有助于处理结构完整性对制造工艺高度依赖出现的问题；检查人员必须了解设计、制造工艺，知晓缺陷/损伤出现部位、检查方法和通道，不可检部位等；裂纹的起始和扩展、外来物冲击损伤程度和扩展特性均与设计、制造工艺密切相关；结构的维护修理也同样需要一个有资质的工作人员团队。在新材料、新工艺和高新科技大量涌现、并被采纳和应用的今天，科学知识相互交叉，团队作用尤为重要。团队的每个成员必须意识到个人技能的局限性和成员之间技能互补的重要性，使得他们的专业知识融汇在一起，形成实力。

辅导与培训是资质工作团队建设的重要环节，必须明确目标，落实计划。

上述关于具有资质工作团队的简要阐述，目的是希望对此引起关注并给予高度重视。

习 题

1. 航空器型号适航责任三方的职责各是什么？
2. 合格审定的目的是什么？
3. 常用的航空器适航证件包含哪些？
4. 设计、生产、使用、维修各阶段的证件分别包含哪些？哪些证件是长期有效的？哪些又具有时限性？

第5章 运输类飞机合格审定管理

5.1 民用飞机型号研制与合格审定规定

民用飞机型号研制是以市场需求为导向,对航空器性能、功能、安全性、经济性(价格、成本)、经济效益和环境保护、舒适性等多方面要求的一体化综合权衡设计(包括试制)的过程。民用航空器安全性由民用航空主管部门——民用航空局,代表公众安全利益,依法依规对民用飞机型号研制进行全方位、全过程的监管,以确保航空器型号产品适航性符合规定的、有效适用的适航规章和环境保护要求。《民用航空产品和零部件合格审定规定》(CCAR - 21 - R4)规定了型号产品的型号合格审定、生产许可审定和适航合格审定的证件申请、审查、颁发和管理。

航空器的型号设计固有安全水平是在设计阶段确定的,设计方作为航空器适航性第一责任人,必须与局方协作,共同努力,确保航空器型号产品符合公众可接受的最低安全水平,力争更好的型号设计固有安全水平。

民用航空器设计阶段可分为概念设计、初步设计、详细设计、制造验证四个阶段,如图 5 - 1 所示。

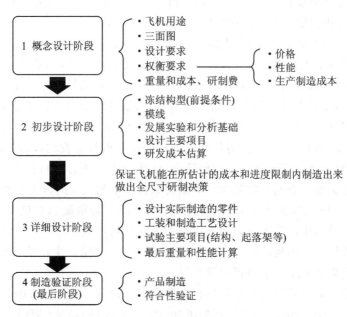

图 5 - 1 典型民用航空器的设计阶段程序

航空器型号合格审定过程通常划分为概念设计、要求确定、符合性计划制定、计划实施和证后管理 5 个阶段。型号设计是型号研制的核心工作,局方以产品和零部件合格审定进行管理。型号合格证申请人以提交型号合格审定(TC)申请将型号设计与型号合格审定(适航管理)关联起来,局方对型号研制也由指导转入全面监管。提交型号合格审定申请,成为局方适航管理的关键一环。局方成立型号合格审定委员会(TCB),通过 TCB 会议实行对设计、制造、适航证进行型号合格审定全过程管理,如图 5-2 所示。

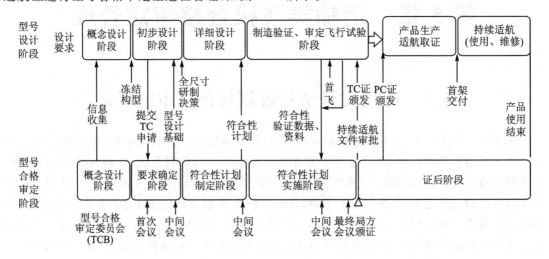

图 5-2　民机型号设计阶段与型号合格审定阶段对应关联示意图

型号研制的初步设计在提交型号合格审定申请时,应达到一定程度:

① 能够基本确定航空器型号的设计特点、三面图和总体参数指标,以及预计采用的新技术、新工艺和新材料,适应的使用环境等;

② 给出初步建议型号合格审定基础与符合性方法,包括建议的专用条件;

③ 能够给出与初步建议相应的审定计划(CD)和实施方案;

④ 能够给出设计保证系统建立、机构、规范、人员形成手册。

型号合格审定申请提交时间通常在型号研制预发展阶段后期,初步设计阶段。局方批准型号合格审定申请后,在要求确定阶段首先经修改、完善确定型号合格审定基础,作为型号设计批准依据,进而制定符合性计划和计划实施方案,形成审定计划 CP 和方案,在适航规章规定的时间内合理安排符合性验证和试飞活动,经局方全程监管。认可型号检查核准书(Type Inspection Authorization,TIA)是由型号合格审定审查组组长签发的,批准审查代表(含委任代表)对航空器原型机进行审定飞行试验前检查、现场目击或进行飞行试验的文件,其中明确了检查和审定飞行试验审查的具体要求。对结构试验和工艺试验的检查不使用型号检查核准书,用制造符合性检查请求单,型号设计获得批准,取得型号合格证(TC 证)。

生产许可审定是对生产许可证申请人进行的允许按照经批准的(型号)设计和经批准的质量系统进行产品重复生产的批准(航空器型号产品批生产)审定。生产许可批准后,颁发生产许可证(PC 证),允许重复生产航空器型号产品。

适航合格审定是局方对每一航空器进行的适航性审查,经检查,局方确认其符合经批准的(型号)设计并处于安全可用状态,予以适航批准,颁发(单机)适航证(AD 证)。持有适航证的注册飞机才可交付、使用。

型号合格证、生产许可证、适航证,三证环环相扣。型号设计成为航空器型号产品适航性标准之一,必须始终保持满足。

5.2　型号合格证的申请和审查

5.2.1　型号合格证的申请

《中华人民共和国民用航空法》第三十四条规定:设计民用航空器及其发动机、螺旋桨和民用航空器上设备,应当向国务院民用航空主管部门申请领取型号合格证书。经审查合格的,发给型号合格证书。

民用航空器、航空器发动机、螺旋桨的型号合格证申请人,必须按照民航局规定表格填写型号合格证申请书,并提供中国民用航空规章 21 部《民用航空产品和零部件合格审定规定》(CCAR - 21 - R4)及合格审定程序中规定的有关文件。型号合格证申请书的有效期一般为 5 年,如申请人在申请时证明其产品需要更长的设计、发展和试验周期,经民航局适航主管部门审查批准,可获得更长的有效期。

《航空器型号合格审定程序》(AP - 21 - AA - 2011 - 03 - R4)规定的型号合格审定和批准的基本流程如图 5 - 3 所示,型号合格审定申请是型号设计适航性审查启动的第一步。

航空器型号合格审定的对象为航空器型号设计,申请人需要提交的文件包括:

① 提交合格审定文件;

② 设计特征介绍;

③ 符合性验证计划;

④ 三视图和基本数据(针对航空器,如使用特性和限制等);

⑤ 型别说明、纵剖视图、工作特性曲线、使用限制说明(针对发动机和螺旋桨)。

针对型号设计特征介绍的主要内容,须涵盖以下几方面:

① 说明产品构型和设计特征符合有关适航规章所需的图纸、技术规范及其清单;

② 说明产品结构强度所需的尺寸、材料和工艺资料;

③ 按照有关适航规章要求所需的使用限制部分;

④ 对适航规章修正案及噪声要求的符合性说明。

当相应的申请材料和豁免材料被提交给适航审定部门后,适航审定部门将进行设计审查和符合性要求验证。

5.2.2　型号合格审定的实施

型号合格审定的内容包括设计审查和符合性验证,是一项非常复杂的工作,从型号合格证申请到型号合格证颁发,具体的实施阶段流程如图 5 - 4 所示。

型号合格审定依据局方确定的型号合格审定基础,进行飞机总体、气动性能、结构、动力、飞机各系统、使用维修和耐撞损性等方面符合性证明,并且以飞机整体性能和操纵特性等符合适航审定要求证实确保飞行安全。耐撞损性提供的是与事故相关的乘员生存的标准(与安全等级——轻微、较大、严重还是灾难事故相关)。

在型号合格审定实施过程中,申请人应按照型号合格审定程序配合局方开展各项审查活动,主要有:工程资料审查、制造符合性检查、符合性验证试验、飞行试验、机载设备随机审定等。

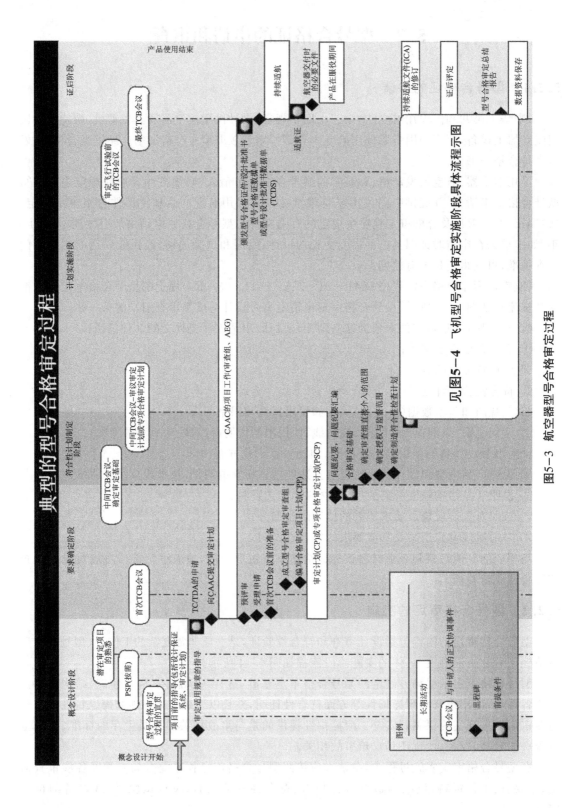

图5-3 航空器型号合格审定过程

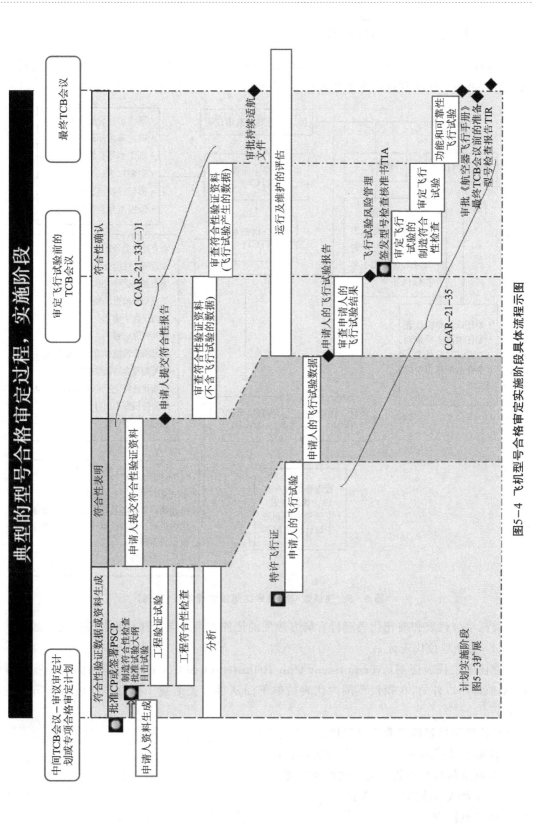

图5-4 飞机型号合格审定实施阶段具体流程示图

5.2.3 型号合格审定组织管理

我国民用航空器型号合格证的审查和批准由中国民用航空局航空器适航审定司负责。民机型号合格审定组织管理体系案例如图 5-5 所示。

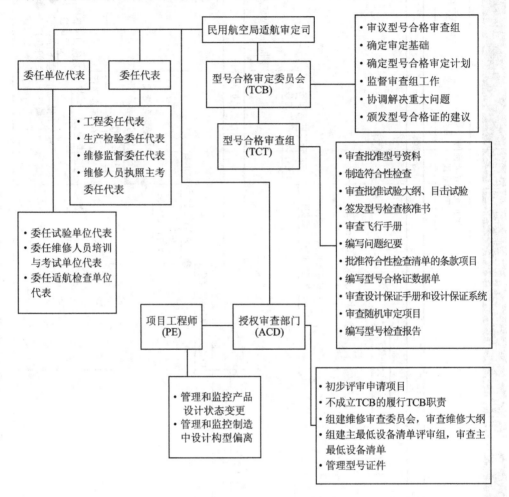

图 5-5 飞机型号合格审定组织管理体系(案例)

委托单位代表和委托代表应持有局方颁发的证件方可上岗。针对相关证件说明如下:

(1) 委任单位代表证书

委任单位代表证书(Appointment Unit Representative Certificate)是指向被民航局委任的、适航部门以外的,在授权范围内代表适航部门从事有关适航工作的单位或机构所颁发的凭证。

委任单位代表的专业范围包括:

① 航空器或零部件的气动与强度试验;

② 航空材料及工艺方法的试验和鉴定;

③ 维修人员执照培训、考试;

④ 适航检查;

⑤ 航空器适航司认为必要的其他专业范围。

委任单位申请的基本要求包括：

① 填写委任单位代表证书申请书；

② 提交 CCAR - 183 部（民用航空器适航委任代表和委任单位代表的规定）要求的材料。

对于符合 CCAR - 183 部要求颁发的证书（该证书不可转让），持证人拥有的权利包括：

① 签发试验、检测或鉴定报告；

② 签发维修人员执照，考试成绩单；

③ 代表民航局审查；

④ 检查民用航空器的使用维护。

（2）委任代表证件

委任代表证件（Appointment Representative License）是指向被民航局委任的、适航部门以外的，在授权范围内代表适航部门从事适航工作的专业技术人员所颁发的凭证。

委任代表主要包括委任工程代表、委任生产检查代表、委任适航代表、委任维修监督代表和委任维修人员执照主考代表等。

我国的型号合格审定工作启动于 1989 年底，当时，西安航空器"审定中心"首次对陕西飞机制造公司设计制造的运 8F 型飞机进行型号合格审查，确定运 8F 型飞机的审定基础为中国民用航空规章第 25 部《运输类飞机适航规章》（CCAR - 25 - R1），审查采用核查方法。

5.3　型号合格审定基础的建立

飞机型号研制须满足已有的相关适航标准。飞机设计人员必须认真做好相关适航标准的分析工作。飞机设计人员需要依据型号设计的指标要求和概念设计初步考虑，将《民用航空产品和零部件合格审定规定》（CCAR - 21 - R4）以及局方型号合格审定委员会确定建立的型号合格审定基础作为型号合格审定依据。

型号合格审定基础（Type Certification Basis）是经局方型号合格审定委员会（Type Certification Board，TCB）确定的，对某一民用航空产品进行型号合格审定的依据。型号合格审定基础包括有效适用的适航规章、环境保护要求及局方确定的专用条件，豁免和等效安全结论（AP - 21 - AA - 2011 - 03 - R4，2.5）。

适航规章（Airworthiness Regulation）：各国政府主管部门为保证航空器适航而制定的法规性文件，是国家法规文件系统的一部分（航空科学技术名词审定委员会审定公布）。型号合格审定适用的适航规章和要求依据型号类型、尺寸和既定的用途以及性能、功能要求确定，是民用航空产品和零部件的设计应符合的规定的适航规章和要求（参见 CCAR - 21 - R4，第 21.2B 条）。

专用条件是因民用航空产品具有新颖或独特的设计特点、预期用途是非常规的，或类似产品使用经验表明可能产生不安全状况等原因使得有关的适航规章没有包括适当的或者足够的安全要求，民航局适航司制定并颁发的补充安全要求。专用条件应当具有与适用的适航规章等效的安全水平。例如，B787 飞机针对复合材料结构规模化应用增补的专用条件有：复合材料机翼的油箱防火要求专用条件，复合材料机身飞行中火灾和抗火焰烧穿性，坠撞性专用条件，以及复合材料油箱的轮胎碎片击穿（专用条件）等。

5.4　型号适航条款符合性方法

5.4.1　型号适航条款符合性方法说明

型号合格审定过程中,为了获得所需的证据资料以表明适航条款的符合性,申请人通常需要采用不同的方法。这些方法统称为符合性验证方法(Methods of Compliance,MC),简称符合性方法。符合性方法根据航空科学技术发展和飞机适航审定经验,目前,已汇总为下述10种,型号合格审查中,根据适航条款的具体要求,选取其中的一种或多种组合的方式来满足条款的要求。符合性方法按适航审定程序以代码排列如下:

(1)MC0——符合性声明

该方法是通过列举型号设计文件(如图纸、技术条件、技术说明书)等证据资料来定性地说明型号设计符合相应的适航条款要求。

(2)MC1——说明性文件

该方法是通过向适航部门提交有关型号设计资料(如技术说明、安装图纸、计算方法、技术方案、航空器飞行手册等),由适航部门组织,以工程评审的形式来确定有关设计是否符合相应的适航条款要求。

(3)MC2——分析/计算

该方法是通过分析和计算的手段(如载荷、静强度和疲劳强度、性能、统计数据分析、与以往型号的相似性),来证明有关设计符合相应的适航条款要求。

(4)MC3——安全评估

该方法是通过提交如功能危害性评估(FHA)、系统安全性分析(SSA)等,用于规定安全目标和出示以达到这些安全目标的文件,对有关设计进行安全性评估,验证其对于相应适航条款的符合性。

(5)MC4——试验室试验

该方法是通过试验室试验(如静力和疲劳试验、环境试验等)来验证有关设计对于相应适航要求的符合性,试验可能在零部件、分组件和完整件上进行。

(6)MC5——地面试验

该方法是在飞机停在地面时进行适当的试验来验证有关设计对于相应适航要求的符合性。

(7)MC6——飞行试验

该方法是通过飞机在飞行中进行适当的试验来验证有关设计对于相应适航要求的符合性。该方法在规章明确要求或用其他方法无法完全演示符合性时采用。

(8)MC7——航空器检查

该方法是通过适航部门专家在样机或飞机上进行检查的方式(如系统隔离检查、维修规定的检查等)来验证有关设计对于相应适航要求的符合性。

(9)MC8——模拟器试验

该方法是通过在工程模拟器上进行适当的模拟试验(如评估潜在危险的失效情况、修理规定的检查要求等)来验证有关设计对于相应适航要求的符合性。该方法一般不单独使用,而是配合其他方法一起使用。

（10）MC9——设备合格性

该方法是通过向适航部门提交航空设备（包括材料）经相关鉴定过程验证的合格证明文件的方式来表明该航空设备（包括材料）对于相应适航要求的符合性，一般用于装机设备（或材料）的符合性验证。

符合性方法的使用说明详见表 5－1。

表 5－1　相关符合性验证方法的使用说明

代 码	名 称	使用说明
MC0	符合性声明	通常在符合性记录文件中直接给出
MC1	说明性文件	如技术说明、安装图纸、计算方法、技术方案、航空器飞行手册……
MC2	分析/计算	如载荷、静强度和疲劳强度、性能、统计数据分析、与以往型号的相似性……
MC3	安全评估	如功能危害性评估（FHA）、系统安全性分析（SSA）等用于规定安全目标和演示已经达到这些安全目标的文件
MC4	试验室试验	如静力和疲劳试验、环境试验……试验可能在零部件、分组件和完整组件上进行
MC5	地面试验	如旋翼和减速器的耐久性试验、环境等试验……
MC6	飞行试验	规章明确要求时，或用其他方法无法完全演示符合性时采用
MC7	航空器检查	如系统的隔离检查，维修规定的检查……
MC8	模拟器试验	如评估潜在危险的失效情况，驾驶舱评估……
MC9	设备合格性	设备的鉴定是一种过程，它可能包含上述所有的符合性方法

注：拟准备增加的有软件合格证（MC10）和相似性认可（MC11）两种方法

所有"试验"类的符合性验证方法（MC4、MC5、MC6 和 MC8）在实施前都要编制试验大纲，并经适航部门批准后才能够进行相应的试验，试验后及时编写试验报告和对应的符合性报告，对试验结果进行分析，对试验判据进行说明等。试验报告要经适航部门审批认可，试验过程中适航部门认为必要时还可派代表（包括委托单位代表和委托代表人）进行全程监控或现场目击见证有关的试验工作。其中，MC4、MC5、MC6 三种试验在民用飞机符合性证明中占有十分重要的地位，是飞机符合性证明的重要手段，凡是非试验手段不能解决的问题都应通过试验手段得到解决。

5.4.2　适航要求符合性方法实施要点

符合性证明方法各有各的特点，适航要求符合性证明可将各符合性证明方法叠加使用。即对于复杂的适航标准条款，对于同一验证的对象可采用几种方法叠加证明其符合性。只要是在实践中可行的、适航部门认可的符合性证明方法都可以采用。符合性证明方法的选择是以最低成本来满足适航标准条款要求为原则，实际工作中，尽可能采用非试验手段完成符合性证明，能用地面试验完成的就不用飞行试验进行验证，以加快飞机研制进度和降低研制成本。

型号合格审定依据局方审批的规定的型号适航规章和要求进行。审定的实施过程，就是选择一定的符合性证明方法，使用特定的辅助工具，对合格审定对象的型号设计、型号合格审定基础的符合性、遵守法规的情况进行综合评估，得出其是否满足型号安全性的结论。

型号合格审定符合性证明方法选择的重要依据是适用的航空规章适航标准条款和专用条件。正确理解适航标准条款的技术内涵，才能准确选择出恰当适用的符合性证明方法，进行合格审定。方法选择还应注意不同的飞机型号、功能及性能的差异，以及新材料、新技术成熟度和适航审定经验等方面的限制。

对结构合格审定而言，航空规章适航标准适用各种材料类型。但是航空规章适航标准符合性证明方法的实施必须充分考虑材料类型。

飞机结构使用的材料，从供货、制备两大方面考虑，大致可以分为货架（金属）材料（典型金属材料）、外在技术制备的材料（铸件、锻件等）和内在技术制备的材料（复合材料）3 种基本材料类型，各类基本材料的主要特点分述如下。

(1) 货架（金属）材料（Stock Materials）——典型金属材料

货架（金属）材料指材料基本力学行为经后续加工工艺，无实质性变化的材料（或制造工艺过程，如热处理的影响很小并已得到充分的认知），以板材、棒材等供货。

货架（金属）材料主要特点如下：

① 货架（金属）材料是具有悠久历史的通用金属材料；

② 材料规范直接控制设计和分析使用的材料性能；

③ 符合"A"和"B"基准的许用值，通常是公开发布的。

(2) 外在技术制备的材料（Externally Engineered Materials）——特制金属材料

外在技术制备的材料指材料力学行为高度依赖于购置前制备工艺的材料（以铸件、锻件、挤压件等供货）。

外在技术制备的材料主要特点如下：

① 典型特点是材料性能有较大的变异性，在材料制备完成时方可得到。

② 材料性能基准由材料规范控制，规定单个零件材料的认证性能（首件解剖）。

③ 材料性能最小值（S 值）是公开发布的。

④ 经常在设计中采用大的折减系数（Large Reduction）以考虑材料性能的变异性。

(3) 内在技术制备的材料（Internally Engineered Materials）——复合材料

内在技术制备的材料指材料力学性能取决于所购置原材料的后续加工工艺的材料（如纤维增强聚合物基复合材料）。

内在技术制备的材料主要特点如下：

① 实际上，材料特性的形成与零构件成形的制造过程同步（材料形成与结构成形同时完成）。

② 材料规范控制原材料采购，并不是控制材料最终状态。

③ 设计使用的材料性能取决于用于零件制造的工艺。

④ 材料设计值依赖于材料和零件制造工艺两个方面，以及环境因素的影响（对复合材料设计，目前还没有一个通用的可接受的工业方法）。

如上所述，飞机结构使用的 3 大类材料存在明显的性能差异，必然给航空规章（适航标准）条款符合性证明方法的具体实施带来差异。

结构试验覆盖新飞机结构的各个方面，通常采用由试样（Coupons）试验、元件（Elements）试验、细节（Details）试验、次部件（Sub-components）试验和部件（Components）试验等多级试验构成的"积木式"（The building-block approach）方法进行试验，如图 5 - 6 所示。

随着复合材料在新一代民用飞机上应用的日益广泛（见图 5 - 7），关于复合材料的结构试验验

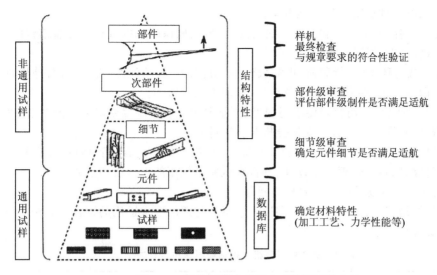

图 5-6　结构的符合性积木式验证试验方法

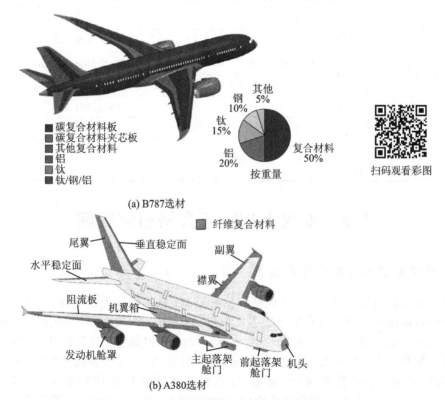

(a) B787选材

(b) A380选材

图 5-7　新一代民用运输机上的复合材料使用分布

证与审定也得到了充分的重视。B777 和 B787 上关于复合材料结构试验验证与审定已完全采用了上述方法。

　　飞机结构试验大纲主要包括飞机构型、试验件、载荷情况和施加方法、试验数据采集和处理、试验进行中和试验完成后的结构检查等内容。

　　基于上述说明,提出型号结构符合性证明方法实施要点(建议)如下(但不限于此):

　　① 首先确定材料类型,并根据材料及其结构制造特点、相类似结构分析和验证试验经验,

拟定合理、可行的符合性证明方法实施方案。

② 建立覆盖材料、材料工艺和制造方法的规范,形成确保制造可重复和可靠结构的基础,是适航要求符合性证明验证试验的前提。

③ 综合考虑载荷环境(飞行载荷、重复载荷、振动、噪声、气动弹性、受热等)与外界自然环境(化学、气候、闪电冲击、外来物等)以及维护、修理不当的影响。

④ 综合考虑耐久性、损伤容限要求与强度、刚度要求;强度、刚度要求与功能要求(如舱门开关、座舱气密、电磁屏蔽等),合理安排分析与验证试验。

⑤ 采用"积木式"方法进行设计研制和验证,按结构完整性具有高置信度要求,每一级的试验件数量应足够,以科学合理确定设计、分析和试验所使用的设计值和系数。

⑥ 必须充分考虑持续适航涉及的相关问题。

复合材料飞机结构 AC20-107B 咨询通告各章节与适航要求适用的符合性方法对应列于表 5-2 中(供参考)。

表 5-2 复合材料飞机结构适航要求符合性方法

AC20-107B 咨询通告章节	适用的符合性方法
6.材料和制造研发	MC1、MC2、MC4
7.结构符合性证明——静力	MC1、MC2、MC4、MC6
8.结构符合性证明——疲劳和损伤容限	MC1、MC2、MC3、MC4、MC6
9.结构符合性证明——颤振和其他气动弹性不稳定性	MC1、MC2、MC3、MC4、MC5、MC6、MC9
10.持续适航	MC1、MC4、MC7
11.a 其他考虑——耐撞损性	MC1、MC2、MC9
11.b 其他考虑——防火、可燃性和热问题	MC1、MC7、MC9
11.c 其他考虑——闪电防护	MC1、MC2、MC4、MC9

5.5 现代大型客机合格审定管理

5.5.1 现代大型客机型号设计理念

现代大型客机是指 20 世纪 90 年代初开始研发,21 世纪初投入使用的,在效率(Efficiency)、经济(Economics)、超凡的乘坐舒适和便利(Extraordinary comfort and convenience)、环保(Environmental)四类特性(简称 4E 综合性能)方面比当时航线上使用的客机有很大提高的大型商用运输机。典型代表机型有 A380(2005 年 4 月首飞)超大型客机,B787(2009 年 12 月首飞),A350(2013 年 6 月首飞)双通道、复合材料结构规模化应用客机,以及 A320neo(2014 年 9 月首飞)单通道、提高燃油效率(新引擎选项 new engine option,简称为 neo)后继型客机。

现代大型客机型号设计采用基于模型的系统工程(Model Based System Engineering,MBSE)方法,构建数字化(建模)和信息化(信息传递)飞机系统全过程设计工程网络和过程管控网络,可覆盖飞机设计、制造、使用、维修全过程,能实现产品性能和功能优化,安全、价格、效益、制造成本综合权衡的一体化产品设计。

1. 一体化产品(飞机)设计理念

一体化产品设计(Integrated Product Design, IPD)是以产品(飞机)最终结果及其应用为目标,组成一体化产品设计团队(IPDT),对项目工程技术人员和管理人员实施高度信息和通信自动化网络管理,顶层负责监督协调,运行问题处理,并完成最终项目决策。

工程设计网络集中于产品设计/制造阶段。基于模型的系统工程 MBSE 方法,使用先进的无图纸、无样机的计算机模拟技术进行产品和零部件的设计/制造,设计不仅可以保证产品性能、功能满足型号合格审定要求,还能保证设计产品的可制造性,进而确保制造出切实满足设计要求的高质量产品。让用户参与产品设计/制造,将有效提高设计的针对性和用户的适用性。让成附件(含材料、毛坯)配套厂和子承包商参与产品设计,不仅能改善相互关系,还能获得更准时的交货、更精良的配套件和整机性能。

研发管控网络聚焦于产品研发过程、管控、符合性证明和产品质量系统建立。

团队顶层由有经验的学者、专家构成,综合权衡产品(飞机)的安全性、价格、效益、制造成本,做出最终决策。

20 世纪 90 年代"波音 777"工程项目是一体化产品(飞机)设计理念的成功范例之一,称为"波音 777"工作方法。"波音 777"工程项目联合全世界 545 个子承包商、8 家航空公司参与设计发展工作,并组织了 230 个设计/制造小组,使用当时最先进的无图纸、无样机的计算机模拟技术,仅用 5 年的时间就完成了 300 万个零部件设计/制造,研制出世界上最大的双发波音 777 民用飞机,并取得一次试飞成功,比按传统方法生产节约近 50% 的时间。

2. 复合材料结构规模化应用的设计理念创新

复合材料结构规模化应用是现代双通道大型客机型号设计的突出特点。B787 和 A350 均实现了复合材料用量占机体结构重量的 50%,打破了以铝合金材料为主的飞机结构选材的垄断格局。

复合材料结构规模化应用,按 FAA《复合材料飞机结构咨询通告》(AC20-107)给予的指导,特别是对保持飞机总体安全性至关重要的结构(关键结构)提供的指导性资料,以及可为 FAA 接受的民用复合材料飞机合格审定要求开展符合性证明。

复合材料结构的安全性要求与同类型飞机金属材料结构设计所提供的安全水平等效或具有更好的安全性,设计过程中需要特别关注复合材料与金属材料性能差异、复合材料固有的独特性能,与金属材料性能之间相互影响,以及可能会形成的潜在安全威胁。运行中,所有已知的或发现的安全威胁(不安全因素)都能得到解决。可实现碳纤维增强树脂基复合材料新材料优势的发挥,解除对复合材料固有特性限制和可能的潜在安全威胁。

飞机机体结构,目前以碳纤维增强树脂基复合材料结构为代表,是一种内在技术制备的新材料(材料特性在结构成型过程中形成)。结构设计与制造和维修一体化、承载结构与闪电防护和电磁屏蔽设计一体化、细节设计(如连接、油箱静电释放、热防护等)等都会影响到飞机的总体设计要求(飞机结构质量、飞机质心、飞行安全、成本的控制)。

FAA 于 2009 年 9 月发布的《复合材料飞机结构咨询通告》(AC20-107B)全面系统地总结了 B787 复合材料飞机结构规模化应用的相关经验,本书 3.6.3 小节做了简要介绍。

3. 飞机系统可靠性设计理念

飞机系统可靠性是指"凡航空器适航标准对其功能有要求的设备、系统及安装,其设计必须保证在各种可预期的运行条件下能完成预定功能"(CCAR-25-R4,1309(a))。

飞机系统与有关部件的设计必须符合 CCAR-25-R4,1309(b) 的规定:

① 发生任何妨碍飞机继续安全飞行与着陆的失效状态的概率为极不可能;

② 发生任何降低飞机能力或组织处理不利运行条件能力的其他失效状态的概率为不可能。

飞机飞行安全的设计理念和原则是将任何妨碍飞机继续安全飞行与着陆的飞机自身因素降至最低。飞机系统以关键设备、成品和软件的可靠性为基础,采用可靠性设计理念体现失效安全(Failed-Safe)和/或失效容限(Failure Tolerant)的措施或方法设计飞机系统与有关部件。对系统失效状态强调确认和核实(双 V)并引入过程控制的理念进行安全评估,而且对不同危害程度的失效状态所允许出现的概率也不相同。例如:

① 飞控系统:冗余设计+备用系统,如液压传动+电传的操纵系统;
② 航空电子:空管、通信系统中对关键设备的选择,可靠性为主要考虑;
③ 驾驶舱综合显示系统:以软件可靠性为重点;
④ 其他子系统(如油箱静电释放系统)采用了失效容限设计。

关于飞机系统设计要求与安全性评估,可参考本书 3.6.2 小节。

5.5.2 现代大型客机型号合格审定特点

现代大型客机型号设计采用基于模型的系统工程(MBSE)方法、一体化产品设计和使用先进的无图纸、无样机的计算机模拟技术,实现了设计、制造和使用维修全过程全使用寿命期、型号合格审定和生产许可审定融为一体的产品研制新模式。再有,航空公司又是型号产品设计、制造的总负责单位,因此,现代大型客机型号合格证和生产许可证的申请已较难区分阶段和步骤。为避免重复,本书将分别介绍型号合格证颁发和生产许可证颁发,以体现大型客机型号合格审定特点。

1. 型号合格证颁发

型号合格证是民用航空局颁发的、经局方审查确认的表明型号设计符合规定的适航规章和要求(局方确定的型号合格审定基础)的设计批准证件。

《民用航空产品和零部件合格审定规定》(CCAR-21-R4)第 21.21 条型号合格证的颁发指出,已经建立符合设计保证系统的申请人,需要提交型号设计、试验报告和各种计算文件,申请型号合格审定的民用航空产品符合适用的适航规章和环境保护要求的文件,以及民航局规定的专用条件符合性文件。局方在完成所有试验和检查等审定工作后,确认其型号设计和民用航空产品符合适航规章和专用条件及环境保护的要求,并且任何未符合这些要求的部分具有局方认可的等效安全水平。对于航空器,相对其申请的型号合格审定类别没有不安全特征或者特性。申请人可以取得航空器型号合格证。

民用航空器只有通过型号合格审定,取得型号合格证的才能进行生产,并在单机取得适航证的基础上交付使用。型号合格审定依据现行有效的《民用航空产品和零部件件合格审定规定》(CCAR-21-R4)和《航空器型号合格审定程序》(AP-21-AA-2011-03-R4)开展相关工作。所获得的型号合格证的具体格式如图 5-8 所示,包含的内容主要有:型号合格证编号、型号合格证持有人名称、型号设计符合的适航标准、产品型号、申请日期、批准日期、批准人签署。

型号合格证的证后管理包括:
① 损伤容限和疲劳定寿验证试验;
② 交付使用信息收集和问题纪要;
③ 型号系列发展研制等。

AP-21-AA-2011-03-R4 中国民用航空局航空器适航审定司

附表 17 型号合格证

中 国 民 用 航 空 局
CIVIL AVIATION ADMINISTRATION OF CHINA

型 号 合 格 证
TYPE CERTIFICATE

编号/No._____

　　本型号合格证颁发给_____。

经中国民用航空局审查确认下列型号的设计符合中国民用航空规章_____的规定，主要性能数据见本证所附型号合格证数据单。

型号：

　　该证件和作为该证件一部分的型号合格证数据单将保持有效，直到被中国民用航空局暂扣、吊销、或另行规定终止日期。

申请日期：

颁发日期：

重新颁发日期：

修订日期：

局长授权：

签　　字 _____

职　　务 _____

部　　门 _____

CAAC 表 AAC-119(02/2009)

图 5-8　型号合格证格式

2. 生产许可证颁发

生产许可证是允许依据型号合格证进行生产的证件。持有或者已经申请型号合格证的单位是合适的申请人,目的是确保生产和设计之间能够进行必要的沟通与交流,以保证对特定设计的制造符合性。申请人提交生产许可证申请表时,需要同时按规定提交生产组织机构和质量手册,以确保每一民用航空器及其零部件均能符合经批准的设计并处于安全可用状态。

生产许可审定按 CCAR - 21 - R4 第五章"依据型号合格证进行生产"和第六章"生产许可证相关规定要求",对申请人进行符合性审查。

1)生产管理机构审查,包括责任经理对本单位满足生产的管理权力、执行力的检查和监督,涵盖质量经理对质量系统管控能力的检查和监督。

2)依据型号合格证进行生产审查,① 每一产品均可供局方检查;② 保存所有型号设计(包括设计更改)和型号合格证规定的技术资料和图纸;③ 试飞检查和试验;④ 对包括供应商在内的参与部门或产品进行必要的检查或者检验。

3)质量系统审查,质量系统目标是确保每一民用航空产品及其零部件均能符合经批准的设计并处于安全可用状态。CCAR - 21 - R4 第 21.137 条"质量系统"规定了质量系统应包括的内容:设计资料控制程序,与设计批准的申请人或持有人的协调,文件控制程序,人员能力和资格,供应商控制程序,制造过程控制程序,检验和试验程序,规定所有检验、测量和实验设备的校准和控制程序,检验和试验状态的记录等程序,不合格的民用航空产品和零部件的控制程序,纠正和预防措施的程序,搬运和存储的程序,质量记录的控制程序,内部审核的程序,航空器维护的程序,使用反馈的程序,质量疏漏的程序,共计17项程序。

4)质量手册评审。

5)生产地点或者生产设施的变更审查。

局方对生产许可证申请人或者持有人实施对质量系统、设施、技术资料和任何生产的民用航空产品或零部件的检查,并且现场参加任何试验,包括在供应商设施进行的任何检查或者试验。

局方确定申请人符合特定设计的制造符合性要求,批准其按照批准的质量手册实施生产活动。制造符合性指民用航空产品和零部件的制造、试验、安装等符合经批准的设计。而生产批准是指局方颁发用以表明允许按照经批准的设计和经批准的质量系统生产民用航空产品或者部件的证件。其形式可以是生产许可证或者零部件制造人批准书等。

5.6 适航证的申请和颁发

1. 适航证的申请

针对适航证本身,在第 4 章中已有说明,它是指局方为某一航空器、航空发动机、螺旋桨或者零部件发放的表明其符合批准的设计并且处于安全可用状态的证件。

根据我国法规规定,具有中华人民共和国国籍的民用航空器的所有人或者占有人可以申请该航空器的适航证。合法占有、使用具有外国国籍和适航证的民用航空器的中国使用人,可以申请该航空器的外国适航证认可书,或者申请另发适航证。

为了获得适航证,适航证申请人应当视具体情况向局方提交下列文件(见 CCAR - 21 - R4 第 21.172 条):

① 完整如实填写适航证申请书;

②《制造符合性声明》;

③ 外国航空器的出口适航证；

④ 航空器构型与批准或任可型号构型差异的说明；

⑤ 重要改装或者重要修理后用以证明该航空器符合批准的型号设计以及确保持续适航性所需的有关技术资料；

⑥ 持续适航文件清单；

⑦ 航空器符合适用的适航指令的声明和所完成的适航指令的清单；

⑧ 局方确认必要的其他材料。

2. 适航合格审定

申请人应在与局方确定的时间和地点提交申请适航证的航空器，以便局方对其进行必要的检查。

对于外国适航证认可书申请人应提交的申请资料，应包括申请书、外国适航局证明该航空器适航证现行有效的证明文件、外国适航证国籍登记证、无线电台执照副本、适航指令清单以及局方确认必要的其他材料。

此外，在取证过程中还有以下几点需要注意：

① 适航检查应当包括对申请的航空器的各种合格证件、技术资料、持续适航文件的评审及对航空器交付时的技术状态与批准的型号设计的符合性的检查。

② 局方确认必要时，申请人应当对该航空器进行验证试飞，以证明其飞行性能、操纵性能和航空电子设备的功能符合适航要求。

③ 申请人应当认真解决检查过程中提出的问题，并提交该航空器已符合批准的型号设计，所有设计更改均得到批准，航空器处于安全可用状态的证明材料。

3. 适航证颁发

对于根据生产许可证制造的新航空器，适航证申请人在提交适航证申请书、制造符合性声明、持续适航文件清单等 CCAR - 21 - R4 第 21.172 条(三)所列的有关文件后，无需进一步证明，即可获得适航证。或局方可以根据本规定第 21.173 条检查航空器，以确认其符合经批准的型号设计并处于安全可用状态，颁发适航证。

4. 产品首架交付

型号合格证持有人向用户交付取得适航证的第一架航空器时，应当同时提交至少一套按适航规章要求制定的完整的持续适航文件，并应当使得这些持续适航文件可被那些被要求符合该文件的其他人员或单位获得。

习　题

1. 型号合格证申请应提交的文件有哪些？

2. 型号合格审定管理是针对飞机管理的哪些阶段？型号合格审定管理包括哪些内容？

3. 简要说明符合性验证包括哪些内容？

4. 现代大型客机新的设计理念包括哪些内容？

第6章 运输类飞机持续适航管理

6.1 航空器持续适航管理的目的和依据

运输类飞机持续适航管理是航空器持续适航管理的典型代表。航空器持续适航管理内容的阐述是为了更好地说明持续适航管理的重要性和原则适用于各类飞机型号。

航空器持续适航管理是在航空器(如飞机型号)获得(单机)适航证,可以交付并投入营运后,局方对航空器单机适航证持有人使用和维修的控制和监管,以保证每架航空器(飞机)始终处于保持符合其型号设计,始终处于安全运行的状态。

航空器持续适航管理的依据主要包含以下几方面:

1) 一般规则和要求。《国际民用航空公约》附件六《航空器的运行》(其目的是通过对安全运行立法、制定标准,为国际空中航行的安全做出贡献)。

2) 法律法规。我国的以下两部法规文件均对持续适航有明确的要求:

①《中华人民共和国民用航空法》

②《中华人民共和国民用航空器适航管理条例》

3) 航空器型号适用的航空规章适航标准条款+适用的专用条件等。

综上所述,持续适航的目的是按型号设计持续适航文件,通过合适的维修,使航空器适航性持续地保持和改进(在给定的使用寿命期内)。

随着民用航空事业发展,当前的飞机持续适航管理中也暴露出一些问题,有待持续适航的管理进一步强化:

① 机组管理存在的典型问题:群体意识不强、决策失误、缺乏应对紧急问题的能力。

② 维修管理存在的问题:检查次数过多、翻修周期缩短、维修费用增加、与生产调度及机组人员的沟通偏少。

③ 适航信息网络问题:适航信息收集困难、仅针对典型事故或故障进行分析(覆盖面局限)、信息缺乏动态性。

6.2 航空器持续适航管理的三方责任

持续适航目的阐明,航空器的持续适航主要涉及航空器型号适航管理三方,即使用和维修方、设计制造方和局方,以及各方的职责。

1) 航空器型号使用和维修方是持续适航责任的承担方,是保障飞机持续安全飞行的主要责任人,因此,其在持续适航阶段的主要职责应包括以下几方面:

① 完备的维修设施、设备和器材;

② 合格的维修人员和维修管理人员;

③ 完整且良好运转的维修工作程序。

2)航空器型号设计制造方在持续适航阶段应负的责任应涵盖以下几点：

① 主动及时地收集航空器使用过程中发生的重大故障问题；

② 提出纠正措施，编发技术服务通告；

③ 保持持续适航，提出解决办法。

3)局方的责任主要包括对航空器的持续适航实施监督检查，纠正违章行为，保证安全。因此，局方在持续适航阶段的主要工作有以下几方面：

① 签发(单机)适航证件；

② 对型号维修大纲、可靠性大纲、维修方案和可靠性方案的评估；

③ 对重大维修、改装的批准等；

④ 收集信息，并分析研究，进而责成型号设计制造方提出解决办法；

⑤ 必要时发出适航指令，纠正型号合格审定后出现的飞行不安全情况。

型号持续适航实施具体要求主要包括以下三个方面：

① 维修单位：完备的维修设施、设备和耗材，良好的维修工作程序(维修单位合格审定按CCAR-145 执行)；

② 维修人员：合格的维修人员和维修管理人员，且须持证上岗(维修人员资格评审按CCAR-66 执行)；

③ 航空器：始终处于局方监管状态。

当前，我国适航部门持续适航管理机构的组织系统如图 6-1 所示。

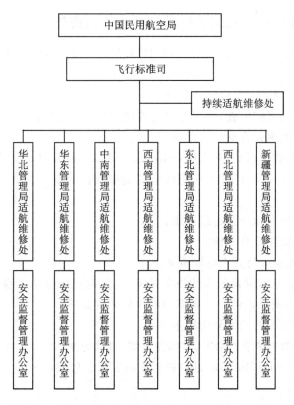

图 6-1　我国适航部门持续适航管理机构的组织体系

6.3 航空器的运营与维修

6.3.1 航空器运营与维修的相关法规

航空器的运营与维修是维持其持续适航的重要保证,因此,针对航空器运营与维修的监督和管理,我国已建立起比较系统的法规。

(1) 根据我国相关法规规定,航空器运营应遵循的相关法规主要包括:

① CCAR-91-R3:一般飞行和运行规则(适用于在我国实施运行的所有民用航空器,2018年11月16日颁布);

② CCAR-121-R5:大型飞机公共航空运输承运人运行合格审定规则(2017年9月4日颁布);

③ CCAR-135-R2:小型航空器商业运输运营人运行合格审定规则(2018年11月16日颁布)。

(2) 根据我国相关法规规定,航空器维修应遵循的相关法规主要包括:

① CCAR-43:维修和改装的一般原则(2005年5月6日颁布);

② CCAR-66-R2:民用航空器维修人员执照管理规则(2016年5月19日颁布);

③ CCAR-145-R3:民用航空器维修单位合格审定规定(2005年8月22日颁布)。

6.3.2 航空器持续适航运营与维修的相关主体的责任

依据航空器运营与维修相关法规,航空器持续适航中运营与维护相关责任方及其具体职责说明如下:

(1) 航空器运营人对航空器适航性负全部责任,其负责的工作包括:

① 确保每次飞行前实施检查,确保可以完成预定的飞行任务;

② 按批准的维修大纲和方案进行维修;

③ 正确理解和使用最低设备清单(Minimum Equipment List,MEL)、外形缺损清单(ConfigurationDeviation List,CDL)(民用航空器适航放行的重要文件,但不是航空器维护的标准);

④ 完成所有适航指令和持续适航要求;

⑤ 按规定完成选择性改装工作。

(2) 航空维修系统组成及其主要职责如下:

航空维修系统是航空器维修工作的技术保障,主要组成应包括工程技术部门、质量部门、维修计划和控制部门以及培训部门。各部门的具体职责如下:

① 工程技术部门的主要职责涵盖以下6条:

● 编制型号适航放行资料(MEL、可靠性方案、维修方案);

● 对服务通告(Service Bulletin,SB)和制造商服务信息(Service Letter,SL)进行评估;

● 处理适航指令;

● 编制工作单卡;

● 处理超出持续适航文件的修理和改装工作;

- 提供技术支援和技术调查等。

② 质量部门的主要职责涵盖以下 5 条：

- 对各类人员和单位评估；
- 对放行人员授权；
- 对单机档案和单机适航性状况进行监控；
- 对内部质量进行审核；
- 针对维修差错的管理和质量调查。

③ 维修计划和控制部门主要职责涵盖以下 6 条：

- 航空器使用统计；
- 制定航空器使用和维修计划；
- 实施航空器勤务和航线维修；
- 实施航空器定检和非计划维修；
- 送修发动机和部件；
- 进行航材管理、维修安全管理和发动机地面试车工作。

④ 培训部门的主要职责涵盖以下 3 条：

- 制定培训大纲和计划；
- 实施培训；
- 监理人员技术档案和保管培训记录。

需要指出的是，航空器维修必须有详细的维修记录。维修记录是航空器适航性状态和运营人落实适航性责任的重要手段。

关于航空器维修记录的保存时间，需要阐明的内容主要包括以下 5 个部分：

① 表明飞机满足放行要求的所有详细记录至少保存至工作完成后两年。

② 相关时间寿命情况、适航指令符合情况、重要改装情况的记录至少保存至出售或者永久退役后一年。

③ 除飞机、发动机、螺旋桨和设备上一次翻修的记录外，维修记录应当保存至该工作完成后算起的至少 2 年。

④ 飞机、发动机、螺旋桨和设备上一次翻修的记录应保存至该工作被等同范围和深度的工作所取代。

⑤ 航线维修记录至少保存 30 天。

航空器维修中还会有一类特殊的报告，即使用困难报告（Service Difficulty Report，SDR），它是民用航空器维修信息系统的重要组成部分。建立该类报告的目的是改进航空产品的设计和提高航空器安全运营可靠性。通过建立全国的使用困难报告系统，实现数据共享、故障统计分析、经验交流，为航空运营人查明故障原因、改进航空产品、提高维修能力、采取预防措施等方面提供帮助。建立该类报告的依据是 CCAR - 121.707 和 708，可以参考的内容为 AC121-60（航空器使用困难报告和调查）。另一方面，根据国际民航组织的规定和航空器持续适航的要求，航空运营人也应当向所在国民航当局和航空器制造厂家提交 SDR。

目前，SDR 主要包括以下两类：运行类和结构类。针对每类包含的主要内容说明如下：

① SDR（运行类）的主要内容包括：

- 飞行中的失火以及有关火警系统工作不正常；

- 飞行中的假火警信号;
- 在飞行中引起发动机、相邻结构、设备和部件损坏的排气系统故障或失效;
- 飞行中由于飞机部件的故障或失效引起烟、蒸气、有毒或有害烟雾在驾驶舱或客舱积聚或流通;
- 飞行中或地面发动机熄火或停车;
- 螺旋桨顺桨系统失效或在飞行中该系统控制超速的能力不正常;
- 飞行中燃油系统或应急放油系统的故障或渗漏;
- 飞行中非正常的起落架收放或起落架舱门的开启和关闭;
- 刹车系统的失效或故障;
- 飞机系统及其部件的故障或失效导致中断起飞或在飞行中采取紧急措施的情况;
- 在实际撤离、培训、测试、维修、演示或无意使用时,任何应急撤离系统或其部件(包括应急出口、旅客应急撤离灯系统、撤离设备)的缺陷或不能完成预定的功能;
- 自动油门、自动飞行或飞行操纵系统或其部件的故障或不能完成预定的功能;
- 已经危及或可能危及飞机安全运行的故障或缺陷。

② SDR(结构类)的主要内容包括:
- 腐蚀、裂纹或开裂导致要求更换有关的零部件;
- 腐蚀、裂纹或开裂因超出制造厂家规定的允许损伤限度导致要求修理或打磨;
- 在复合材料结构中,制造厂家指定作为主要结构或关键结构件的裂纹、破裂或开裂;
- 根据未包含在制造厂家的维修手册中,但经过批准资料进行修理的情况;
- 已经或可能危及飞机安全运行的其他飞机结构的失效或缺陷。

基于 SDR 形成的航空器改进流程如图 6-2 所示。

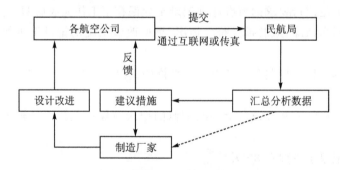

图 6-2 基于 SDR 形成的航空器改进流程图

6.4 民用航空器的年检制

6.4.1 民用航空器的年检规定

民用航空法规规定,航空器适航证具有规定的有效期(使用中的航空器每年需要完成一次年检),首次颁发适航证的民用航空器,在颁证后的次年即需要开始年检;但针对封存期间的航空器,可不进行年检。

关于民用航空器的年检,需要重点掌握以下几点内容:

① 年检的目的:针对航空器在运营过程中的适航性展开年度检查(大修/D 检以上的维修可结合修理进行年检),保证航空器始终处于可控、安全的运行状态。

② 年检的依据:《中华人民共和国民用航空器适航管理条例》第十九条及 CCAR - 121 - R5 第 121.375(b)条规定;

③ 执行起始时间:民用航空器首次颁发适航证的次年;

④ 执行单位:各地区管理局适航审定处;

⑤ 执行人员:本处及其他适航处检查员。

6.4.2　民用航空器的年检程序和结果处理

航空器的具体年检程序如图 6 - 3 所示,涵盖了申请和受理、检查、适航证的签署以及问题跟踪与监督检查 4 个阶段。

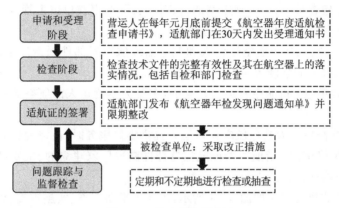

图 6 - 3　航空器年检程序

针对航空器的年检执行程序,需要强调以下两点:

① 申请书中需要注明机型、注册号、计划年检日期和地点,在接收到受理通知书后还需要及时缴纳年检费用;

② 不要误认为自检只是走走形式,适航部门会针对航空营运人提交的自检计划进行抽查。

航空器年检的结果即是适航证的签署,包括正常签署和非正常签署,关于非正常签署又包括 3 种类型:

(1) 适航证分期签署,其典型的原因包括以下 3 方面:

① 航空器存在有尚未直接影响适航性的故障或缺陷;

② 航空器使用人采取了可接受的临时性措施;

③ 拟定了彻底排除故障与缺陷的计划。

(2) 暂扣适航证,其典型的原因包括以下 3 方面:

① 航空器使用人未采取可接受的措施;

② 未拟定彻底排除计划;

③ 适航部门可视情对航空器作"年检不合格"的签署。

(3) 暂停或吊销适航证,其典型的原因包括以下 2 方面:

① 航空器存在直接影响航空器持续适航性的问题、故障或缺陷;

② 适航证由适航部门收缴,并在适航证上签注"年检不合格"。

6.4.3 维修单位的年检

除了对航空器本身年检外,维修单位同样需要进行年度检查。针对维修单位的年检有以下几点:

(1) 维修单位年检的目的:为了全面地评审维修单位各职能系统的工作,使维修单位加强其质量保证系统以及增加整个系统的可信度,同时增加维修单位的责任感。

(2) 维修单位的年检依据:

①《维修许可审定程序》(AP - 145 - 05);

②《航线维修许可审定程序》(AP - 145 - 06)。

此处需要注意两点:维修单位年检的执行单位是各地区适航处;而维修年检的执行人员是本处及其他适航处检查员(为了体现审查的公正性,排除被审查单位主管审查员)。

(3) 维修单位年检中对维修单位的分类:

① 独立维修单位:独立于航空运营人和航空器或航空器部件制造厂家,并提供航空器或者航空器部件维修服务的维修单位。

② 营运人维修单位:指航空营运人建立的,主要为本营运人的航空器或航空部件提供维修服务的维修单位。

③ 当营运人维修单位为其他航空器营运人提供维修服务时,被视为独立的维修单位。

④ 制造厂家维修单位:指航空器或航空器部件制造厂家建立的、主要维修和管理与其生产线相结合的航空器或部件的维修机构。

维修单位年检的执行程序如图 6 - 4 所示,涵盖了准备工作、实施审查、讲评以及监督改正措施 4 个阶段。

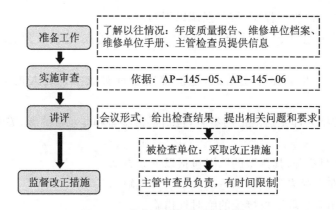

图 6 - 4 维修单位年检的执行程序

需要说明,在年度检查之前适航部门应制定一个详细的审查计划,内容包括以下 4 方面:

① 明确每个审查组成员的分工;

② 明确与被检查单位相互通报、协调的方法;

③ 预计审查的日期(可与被检查单位协调确定);

④ 预计要审查的系统。

一般的,审查计划需要在审查日期前 1 个月通知被审查单位,并且审查计划可在现场审查时根据审查的情况及时调整。

针对维修单位年检的结果包括两类:

① 对证件(维修许可证)的有效性存在影响;

② 对维修单位监督频度的改变。

6.5　持续适航文件要求

需要说明的是,虽然大多数持续适航文件主要在航空器的使用、维修阶段应用,但其制定则主要是在型号合格审定阶段完成,因此,其与航空器型号设计、制造关系密切。

中国民用航空规章 25 部的 1529 条款、附录 H 和咨询通告 AC-91-11-R1 中均要求,飞机保持适航性必不可少的资料统称为持续适航文件。中国民用航空局航空器适航审定司规定:"凡在中华人民共和国登记注册和由中华人民共和国境内的单位设计制造或与其他国家和地区联合设计和制造的运输类飞机,其型号合格证持有人应向中国民用航空局申报批准(认可),并向该型飞机的使用人提供持续适航文件。"

CCAR-25.1529 条规定"申请人必须根据本部附录 H 编制适航当局可接受的持续适航文件,如果有计划保证在交付第一架飞机之前或者在颁发标准适航证之前完成这些文件,则这些文件在型号合格审定时可以是不完备的。"附录 H 具体明确了持续适航文件的内容、编制要求和技术要求。

(1)关于持续适航文件本身,需要说明的知识点包含如下:

① 根据适航条款的规定以及手册的实际用途,运输类飞机持续适航文件可分为维修类要求和维修程序。

② 持续适航文件中的每一类文件以多本手册的形式编制,下述手册或内容需要局方批准:

● 维修要求类文件:适航性限制项目,审定维修要求、电气导线互联系统(EWIS)手册等;

● 维修程序类文件:维修类手册、结构修理类手册、故障检测类手册;

● 系统描述类文件:系统说明文件、工具和设备说明文件;

● 总体性能类文件:重量平衡类手册。

(2)针对持续适航文件的应用要求,需要说明的知识点主要涵盖以下 6 方面:

① 持续适航文件作为型号合格审定依据的一部分,应在型号合格审定阶段进行编写和审查。

② 在飞机交付或者首次颁发标准适航证之前,持续适航文件应当获得局方的批准或认可。如果有计划保证在交付第一架飞机之前或者在颁发标准适航证之前完成这些文件,则这些文件在型号合格审定时可以是不完备的。

③ 飞机交付或者首次颁发标准适航证时,需要向此型号飞机所有人或运营人提供持续适航文件。

④ 持续适航文件所形成的每本手册都需要有便于使用者查阅、修订和了解其修订历史的手册控制部分,其正文部分的编排和格式按照 S1000D 或 ATA2200 标准(技术出版物数字化要求标准)编写。

⑤ 规章中明确了手册必须使用中文,不过根据审查经验,对于某项特殊的持续适航文件可用英文,但需要征求局方意见并获同意,其准确性审查责任由申请方承担。

⑥ 各手册之间相互引用,引用国家或行业标准,引用发动机、机载设备制造厂家单独编制的文件时,必须保证内容的连贯性和协调一致,并避免造成不便于使用的连续或者多层次引用。

6.6 航空器维修系统的合格审定条件

针对维修单位的合格审定,航空器维修系统合格审定条件主要包含面向软件层面和硬件层面两大部分,具体如图 6-5 所示,软件层面主要包含质量控制系统、工程技术系统、生产控制系统、培训系统四个部分;而硬件层面主要包括厂房设施、工具设备、适航性资料、人员以及必要的器材 5 部分。

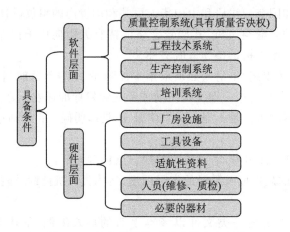

图 6-5　航空器维修系统合格审定条件

6.6.1 维修系统软件层面的要求

航空器维修系统合格审定对软件层面的具体要求如下:

(1) 质量系统:质量部门采取质量经理负责制,具体包括:

① 质量部门应独立于生产控制系统之外,由质量经理直接对责任经理负责。

② 各类维修人员的授权可由质量经理或其授权人签署。

③ 放行人员的授权可由责任经理或其授权的质量经理签署。

④ 各维修单位应建立独立的自我质量审核系统,或将自我质量审核功能赋予其质量部门。审核间隔不超过 12 个月,审核报告保存两年。

(2) 工程技术系统:应根据有关适航性资料及送修人的要求制定符合规定的维修工作单卡。

(3) 生产控制系统:应对维修工作建立维修工时管理制度,以控制维修工作的完整性。

(4) 培训系统:人员技术档案应当在其离开单位后至少保存两年。

6.6.2　维修系统硬件层面的要求

航空器维修系统合格审定针对硬件层面的具体要求如下：

（1）针对厂房的要求主要包括：

① 机库和车间：

● 租用设施应当有租用证明，且租期至少为两年；

● 具备维修必需的设备；

● 能有效避免当地一年内风霜雨雪情况；

● 具备控制合适温度、噪声和防尘的措施；

● 具备必要的水、电、气源。

② 针对特殊环境和有伤害的维修工作，必须具备符合要求的控制、保护和急救设施。

（2）针对人员的要求主要包括：

① 至少应雇佣责任经理、质量经理和生产经理各一名，且：

● 质量经理和生产经理不能兼任；

● 不能由被吊销维修许可证的维修单位的责任经理、质量经理或生产经理调任或继续担任。

② 质量经理：必须由责任经理授权开展相关质量控制工作。

③ 经理人员应满足的条件包括：

● 熟悉民航维修管理法规；

● 有维修管理经验；

● 持有维修管理人员资格证书；

● 国外或地区维修单位经理人员应具有相应资格。

④ 直接从事航空器或航空器部件维修的人员应满足的条件包括：

● 必须经过相关培训且具有相应技能；

● 必须获得本单位的授权（无证书要求）；

● 从事无损探伤等工作应符合国家标准。

⑤ 与放行人员资格相关的要求主要包括：

● 应是本单位雇员，并具有放行项目的授权；

● 必须经过相关培训，具有相应技能；

● 各类放行人员应具有相应执照；

● 航线放行人员应获得航空营运人的授权。

⑥ 针对航空器整机放行人员的要求包括：

● 应持有 CCAR - 66 部的维修人员执照。

● 放行航空器应与其执照机型部分一致：机型Ⅰ类执照持有人：能放行航线维修、A 检或相当级别（含）以下定检航空器和结合检修进行的改装工作；机型Ⅱ类执照持有人：能放行 A 检或相当级别以上定检航空器和其他改装工作。

⑦ 针对航空器部件放行人员的要求包括：

● 获得 CCAR - 66 部部件修理人员执照；

● 放行部件应与执照签署项目一致。

（3）针对器材的放行要求主要是应具备有效的合格证件,可采用以下几种方式:

① 针对标准件和原材料采用合格证;

② 针对非标准件和非原材料,采用适航批准标签或批准放行证书;

③ 针对使用过的器材采用适航批准标签或批准放行证书(AAC-038 表格);

④ 针对航空营运人的维修单位,可以生产少量自制件,但自制件不得销售,而针对非营运人维修单位生产的自制件,需要告知营运人并获得批准。

习 题

1. 请简要写出持续适航的三要素。
2. 航空维修系统的组成包括哪些?
3. 持续适航的文件要求包括哪些方面?
4. 航空器维修单位合格审定的条件包括哪些?

第7章　军用航空器适航性概要

7.1　军用航空器适航性的定位和要求

7.1.1　现代军用航空器强调适航性的缘由

为满足战争和军备竞赛需求,军用航空器自 20 世纪初第一次世界大战后得到迅猛发展。军用飞机的研发以达到战术、技术指标为宗旨,对适航性并没有给予应有的重视,甚至认为适航性是民用飞机的性能要求,为保证飞机战术技术指标,可以降低(甚至牺牲)部分适航性要求。

随着世界格局的变化、航空科学技术的创新发展,军用飞机在现代战争中的功能发生了巨大变化:军费负担加重、对空勤人员要求提高、培训投入加大;军用航空器往往携带各类杀伤性武器及其附加设备,其事故风险相对民用飞机大幅增加;军用飞机设计理念和规范要求也相应适时更新、充实、提高。需求的变化,促使军用飞机的设计理念得以更新与发展。

1975 年 12 月 11 日,美国空军颁布飞机结构完整性大纲 MIL - STD - 1530A 以取代MIL - STD - 1530,标志着军用飞机结构设计理念的更新与发展。美国军用飞机结构强度规范演变见表 7 - 1。我国为适应军用航空技术发展需求,等效采用美军标 MIL - STD - 1530A,并参考美军标 MIL - A - 87221,编制了我国第一部飞机结构完整性标准《军用飞机结构完整性大纲——飞机要求》(GJB 775.1—1989)。以此为基础,我国经过了多年完善,形成了《军用飞机结构强度规范》(最新版 GJB 67—2008)。

《军用飞机结构完整性大纲——飞机要求》规定了飞机在其整个寿命期内必须达到的功能完好和安全、经济所需的最基本的结构品质和总体要求,即大纲规定了实现和保证结构完整性(强度、刚度、损伤容限以及耐久性/安全寿命)的全部要求和为达到这些要求所应遵循的方法。大纲对设计研制、生产制造、部队使用三方均作了许多明确要求和规定,对三方均具有约束力和指导作用。这就为全方位地提高军用飞机战术技术水平、管理水平以及经济效益创造了前提条件,以确保军用飞机在其整个寿命期内达到功能完好和安全、经济。

20 世纪 80 年代后期,美军在全世界率先提出了军用航空装备适航的概念,在军用航空器型号研制中开始借鉴并引入民用航空器适航管理经验,以提高军用航空器的安全水平。例如,在 C - 17 型军用运输机型号研制中大量地引用了 DC - 10 型民用飞机适航的有关成果。以此为开端,大量借鉴引用适用的民用飞机航空规章适航标准条款已成为军用飞机适航性要求拟定的必由之路。

美国国防部在 2002 年 10 月颁布了《军用航空器适航性审查准则》(MIL - HDBK - 516)作为指导性文件,并于 2004 年 2 月修订升版为 MIL - HDBK - 516A,2005 年 9 月修订升版为MIL - HDBK - 516B,2008 年 2 月修订升版为 MIL - HDBK - 516B1,2014 年 12 月修订升版

为 MIL-HDBK-516C,其适用范围也从原版只涉及空军扩大到涉及美国海、陆、空三军的所有飞机。该准则主要基于美国军用标准体系,同时采纳了大量适用的民用飞机适航标准。准则强调军用航空器在不断追求更高性能的同时,应更加注重安全性要求,"性能设计要求"中纳入"适航性要求",并将适航性审查纳入军用航空器性能必须验证项目。

表 7-1 美国军用飞机结构设计规范演变简表

结构设计规范(颁布时间)	结构设计思想
1.有人驾驶飞机结构准则 MIL-S-5700(1954年)海军	静强度
2.军用飞机强度和刚度规范 MIL-A-8860 系列(1960年)海军 MIL-A-008860A 系列(1971年)空军	静强度+疲劳(安全寿命)
3.飞机结构损伤容限设计要求 MIL-A-83444(1974年)空军 MIL-A-8860B 系列(1987年)海军 MIL-A-8860C 系列(1994年)海军	静强度+疲劳+损伤容限(经济寿命)
4.军用飞机结构完整性大纲——飞机要求 MIL-STD-1530(1972年9月)空军 MIL-STD-1530A(1975年11月)国防部 MIL-STD-1530A(1988年2月)国防部 MIL-STD-1530A(1996年)国防部 MIL-STD-1530A(2002年1月)国防部 MIL-STD-1530B(2002年7月)国防部 MIL-STD-1530B(2004年2月)国防部 MIL-STD-1530C(2005年11月)国防部 MIL-STD-1530D(2016年8月)国防部	结构完整性
5.飞机结构通用规范 MIL-A-87221(1985年)空军 MIL-A-87221A(1990年)空军	结构完整性
6.各军种联合使用规范指南 JSSG JSSG-87221(1995年)国防部 JSSG-2006飞机结构(1998年)国防部 JSSG-2006飞机结构(2000年5月)国防部	结构完整性

7.1.2 军用航空器适航性的定位与要求

军用航空器适航性定义是依据批准的用途和限定范围,特定航空器系统的构型能安全地实现、保持和终止飞行的特性(MIL-HDBK-516 C3.1.5 适航性)。定义明确指出,军用航空器适航性要求是在满足战术技术指标前提下,在规定的军事限制(预定使用环境和使用限制)范围内,使用和维修需要满足型号最低设计安全水平。其内容包括型号适航性审查验证准则所规定的要求。

在军用飞机型号适航性审查之初,军方和工业部门商议确定双方都能够接受的最低设计运行安全水平,对不同用途、不同类型的军用航空器,其适航性审查基础可以具有不同的安全水平。

军用飞机型号适航性审查同样是一项系统性工程,覆盖飞机(气动、结构)、发动机、机载设备等的方案论证,型号设计、制造、使用和维修等各个环节,实质上是引入民机适航理念,借鉴民机适航管理的做法和程序,提高军用飞机的安全性水平。其具体定位和要求可概括如下:

① 适航性也是军用飞机的固有特性,是通过设计实现的。在型号立项论证中,适航性要求是必不可少的内容,要对飞机总体、气动、结构、系统、发动机、机载设备、软件、综合保障等提出详细的适航性要求,明确适航性是对飞机性能指标要求在安全性方面的有效补充和具体完善。

② 适航性审查是对军用飞机研制技术管理内容的继承和发展,覆盖型号技术管理中安全性审查的主要内容,适航性审查的结论是飞机设计定型的前提和主要依据之一。适航性审查同现有军用飞机研制管理程序既相对独立,同时又需要紧密融合,整体规划,以免重复验证。

③ 适航性对军用飞机研制质量具有促进作用,可显著提高军用飞机设计质量和技术评审质量。适航性相关的制造符合性离不开质量管理体系的良好运行。从国外飞机适航经验看,审查制造符合性时,主要审查是否具有符合规定的质量保证系统。

7.1.3　军用飞机与民用飞机适航要求差异分析

军用飞机与民用飞机两者适航要求有着明显差异。民用飞机面向世界市场所有用户,靠竞争占领市场,由政府(各国民用航空局)代表客户(飞机公司)制定航空规章(适航标准),以法规性强制要求作为飞机准入市场门槛,其符合性证明必须得到局方认可,在保证安全的前提下,以实现良好的经济性和舒适性。军用飞机则不同于民用飞机,军方是固定用户。由军方提出飞机型号研制战术技术指标要求,工业部门按照适用的军用飞机结构设计规范规定的飞机结构设计与验证的准则和要求,研制满足战术技术指标要求的飞机。军用飞机在保证飞机型号满足战术技术指标的前提下,权衡性能要求与安全性要求,由军方用户与工业部门协商,合理确定该飞机型号适航性要求(应避免过高或过低)。

为了深化理解,军用飞机与民用飞机研制的差异、军用与民用运输类飞机设计目标和约束条件的对比分别列于表 7-2 和表 7-3 中,以供参考。

表 7-2　军用飞机与民用飞机研制的差异

序　号	事　项	民用飞机	军用飞机
1	项目提出	市场分析,竞争世界用户市场	军方提出,预定产品
2	研制目标	● 以型号产品成功占领市场为目标 ● 要求安全性、舒适性、可维护性以及盈利能力	军方提出/规定的战术技术指标

续表 7 - 2

序号	事项	民用飞机	军用飞机
3	研制相关人员	国家、航空局、飞机制造商、航空公司以及公众参与	国家、军方和飞机制造商
4	设计指标	● 市场需求 ● 以安全性和经济性为主	● 军方型号任务要求 ● 以战术技术指标(作战性能)为主
5	安全水平要求	相当于百万飞行小时(或 2 000 年)出现一次严重事故(出现概率为每飞行小时 10^{-6} 次)	相当于 1 万飞行小时(或 20 年)出现一次严重事故(出现概率为每飞行小时 10^{-4} 次)
6	使用寿命	● 6 万~8 万飞行起落 ● 20~30 日历年	歼击机为数千次飞行起落或数千飞行小时
7	维护、维修	以型号合格证持证人的持续适航文件为主,要求良好的技术支持(包括设备备件)	以军方为主,按部队管理要求实施
8	合格审定或证实	型号设计符合型号合格审定基础	型号战术、技术指标要求和适用的军用航空器规范要求证实

表 7 - 3 军用与民用运输类飞机设计目标和约束条件对比

序 号	事 项	民用运输机	军用运输机
1	主要设计目标	安全性和经济性(安全保证的经济效益)	任务需求(人员、装备、物资运输能力)和生存力
2	性能	● 最大经济巡航 ● 因机翼设计欠佳而付出的代价最小(直译为机翼设计偏离的惩罚最小)	● 足够航程和反应能力 ● 能够完成全部任务需求 ● 适航性要求纳入性能指标要求
3	机场环境	● 中等跑道长度 ● 铺筑面的跑道表面 ● 高水平空中交通管制和着陆辅助设施 ● 适当的地面机动和停机空间	● 短到中等跑道长度 ● 所有类型跑道表面 ● 经常严峻的空中交通管制等 ● 有限的可用空间
4	系统设计和结构完整性设计	● 低维修——经济性考虑 ● 低系统费用 ● 安全性和系统可靠性 ● 长使用寿命设计	● 低维修——战斗力保持需要 ● 可接受的系统费用 ● 生存性和系统可靠性 ● 损伤容限设计
5	政府法规和社会认同	● 民用航空规章 ● 必须取得型号合格证、生产许可证以及适航证(民航局颁发) ● 以确保最低安全水平和持续适航监管为主 ● 必须遵循低噪声和排污要求(环保要求)	● 军用航空器规范 ● 性能、功能要求(包括适航性)证实,军方验收 ● 以确保任务需求为主 ● 降低噪声(目的是让公众可接受,战时被发现概率也可降低)

因此,军用飞机与民用飞机适航要求间的显著差异可以总结为以下几点:

① 安全性。民用飞机适航标准要求的安全水平通常要比军用飞机的安全性水平要求大致高 100 倍(参见表 7-2,第 5 项安全水平要求)。国际上,民用飞机设计实际能达到的安全水平是 6 000 年发生一次机毁人亡的灾难性事故,比军用飞机安全水平高 300 倍,两者可谓天壤之别。

② 经济性。民用飞机在激烈的市场竞争中求生存,盈利是必须做到的。军用飞机则不然,军方已预订,包销,经济性要求并不突出。但对军民通用的飞机型号产品,经济性仍是重要指标。

③ 使用寿命。民用飞机的高频次起降飞行循环和长使用寿命(20~30 日历年)使用要求,对材料必须考虑环境影响导致的性能退化和重复载荷应力环境影响。军用飞机则更侧重考虑高频低周疲劳、损伤容限和生存力。

④ 噪声和排污环境(保护)问题。民用飞机必须遵循低噪声和低排污要求,达到国际上公认的、一致的水平。军用飞机降低噪声目的是达到让公众可接受。

军用飞机与民用飞机适航性差异列于表 7-4。

表 7-4　军民用飞机适航性差异(实施)

存在的差异	军用飞机	民用飞机
目标	验证其从投入使用开始,即能够安全地完成预期的任务	验证其适合飞行
实现方法	① 军方采办; ② 适航性和性能等同重要考虑; ③ 军方审查,通过合同来确保满足军方的要求	① 用户方采购; ② 适航性为最低要求; ③ 委托第三方审查,由适航当局向公众证明飞机满足公众可接受的最低安全要求
审查责任主体	军方适航委员会	民用航空局(局方)
审查准则	军机型号适航性审查准则	航空适航条例
适航程序要求	军方适航管理部门颁布相应的适航性管理指令程序和适航性审查准则	民航适航当局成立型号合格审定委员会,对各设计生产和维修阶段分别执行相应的适航管理审查程序
标准技术要求	以军机设计验证标准规范为主体,有针对性地引入适航标准要求,结合型号研制总体要求,进行剪裁	依据国家法规来制定的民机适航条例,是法律的一部分,不可剪裁
最终用户	军方	航空公司等

我国是一个民用航空基础十分薄弱的国家。民用航空,特别是在大型民用运输机研发的历史性时刻,大量从事军用飞机研发的人员转到民用飞机研发,形势喜人,鼓舞人心。但是,必须注意,如果对民用飞机与军用飞机适航要求差异没有充分认识和理解,必然会在民机设计研发中带有军用飞机设计研发的痕迹,而贻误工作。

7.2　军用航空器适航性管理体制和技术体系

7.2.1　国外军用航空器适航性管理体制和技术体系

进入 21 世纪,世界各主要军事大国正逐步认识到军用航空器适航性的重要性,在不断追求更高性能的同时,更加注重安全性要求,颁布军用航空器适航性审查准则,强调军用航空器"性能设计要求"中纳入"适航性要求",并将军用航空器适航性审查纳入到军用航空器性能验证之中。军用航空器适航性管理由各军兵种自己负责。在型号适航性审查中,军方成立型号适航性审查机构,负责进行审查。

1. 美国军用航空器适航性管理

(1) 美国军用航空器适航性管理体制

美国各军兵种对其采办的或使用的各型军用航空器适航性审查负责,并颁布了相应的政策指令进行各型军用航空器的适航性管理。

① 美国空军航空器适航性管理

美空军对空军用航空器负有适航性审查责任,并在美空军 2000 年颁布的政策指令《美空军适航性审查》(AFPD 62-6)中进行了规定,包括:成立"军用飞机适航性审查准则委员会",规定"航空系统中心"和"军用飞机适航性审查官员"职责等。

② 美国陆军航空器适航性管理

美陆军对陆军用航空器负有适航性审查责任,并在美国陆军条例《飞机系统适航性审查》(AR 70-62)进行了规定,"美陆军航空与导弹司令部"是最高级别的适航性管理部门,负责对陆军用航空器或子系统、部件及其改型的适航性进行审查与批准。

③ 美国"民转军"型航空器适航性管理

对于空军的"商用派生载客型运输机"和"商用派生混装型运输机",美空军制定了相应适航性管理政策指令,具体审查工作由美国联邦航空局"军用合格审定办公室"承担。

(2) 美国军用航空器适航性技术体系

美国国防部 2008 年颁布了《军用航空器适航性审查准则》(MIL-HDBK-516B1)。该文件规定了有人驾驶和无人驾驶的固定翼航空器和旋翼航空器各类型军用航空器适航性的通用要求,是各军兵种制定其军用航空器适航性审查的顶层文件。该文件的主要内容涵盖了系统工程、结构、飞行技术等 16 个技术专业,总计近 800 项适航条款,条款内容以美国军用标准规范的技术要求为基础,引用了美国联邦航空适航条例的相关条款。据统计,该文件共引用美国防部联合规范、美军标准规范、美军设计手册指南以及其他行业协会标准规范等技术文件 240 余项。

2. 英国军用航空器适航性管理

英国在军用飞机适航性管理体制和模式上基本与美国一致,在英国国防部 2003 年颁布的《军用飞机适航性条例》(JSP553)中规定了军方是其军用航空器适航性审查的责任主体。英国国防部"联合适航性委员会(JAC)"是其军用航空器适航性管理的最高级别机构,其人员组成涵盖了采办机构(DPA)、国防部(MOD)、使用部门和英国航空企业等各方代表。英国防部 2007 年颁布的《军用航空器设计与适航性要求》(DEF STAN 00-970),最大程度地利用了欧洲民用适航要求中同时适用于军用和民用航空器的相应要求,在充分考虑采购策略的前提下,建立了符合设计和适航要求的基线。该要求涉及的对象涵盖了所有军用航空器设计与适航性要求和指南。

3. 欧洲军用航空器适航性管理

2008 年 11 月,欧洲防务局(EDA)建立了军用航空器适航局(MAWA),该机构旨在制定一套完整的欧洲军机适航性规章(EMAR),使欧盟各个国家能有统一法规。MAWA 目前分为

4 个工作组：

① 基本框架组负责定义 MAWA 的职能、组织机构和程序；

② EMAR Part 21 工作组依据欧洲航空安全局审定规范第 21 部（EASACS - 21）制定 EMAR Part 21，用于军用航空产品和零部件的型号合格审定，以及证件的申请、颁发和管理；

③ EMAR 维修组的主要工作是基于 CS - 66、CS - 145、CS - 147、PARTM 制定持续适航领域的适航规章，其中涉及对维修机构和人员的审查，包括培训要求和执照；

④ 适航标准组负责依据 MIL - HDBK - 516B、DEF STAN00 - 970 等现有文件，制定未来军用飞机的适航标准。

7.2.2　我国军用飞机适航性管理工作原则

军用飞机研制与民机研制在目的和管理程序上具有较大差别，我国军用飞机多年来一直依据《常规武器装备研制程序》《空军装备研制管理工作条例》等法规进行管理，因此，军用飞机的适航性审查工作如果脱离军用飞机现行研制和定型管理程序的总体框架是行不通的。我国军用飞机适航性审查工作必须与我国军用飞机现行研制和定型管理程序相结合，并实现最大程度的融合。军用飞机适航审查必须一直以军用飞机研制和定型的主要阶段为主线，明确各阶段的工作主体和主要工作内容。我国军用飞机适航性审查工作原则包括以下几方面：

1. 重视军、民机适航差异，避免照搬照抄

民机没有固定用户，存在市场竞争，由政府代表客户制定航空规章适航标准，作为行业准入门槛要求；而军用飞机用户固定，由军方提出研制要求，工业部门满足研制总要求即可，同时表明飞机满足军方用户提出的适航安全性要求。

民机研制以确保公众可接受的最低安全水平为主要考虑，安全水平要求为法规性的强制要求，在保证最低安全水平的前提下追求更好的经济性与舒适性；而军用飞机研制则以战术技术指标要求为主要考虑，在保证满足战术技术指标的前提下，最低安全水平要求的确定则是在权衡性能指标要求与安全性要求的基础上，由军方用户与工业方协商确定。

2. 合理确定军用飞机适航性要求

军用飞机与民机安全性需求不同，适航性要求自然不同。军用运输机型号适航性要求不能照搬照抄民机适航标准，而是结合军用运输机特点与安全性需求进行合理剪裁。对不满足则直接危及飞行安全的规章条款（又称"一次安全"条款）全面采纳，对飞机发生不安全状态后的乘员安全要求，如耐坠撞性、应急撤离、水上迫降等规章条款（又称"二次安全"条款），应结合军机型号研制要求及设计特点，综合权衡后确定最低安全水平适航性要求。

3. 正确处理适航性要求与设计规范的关系

借鉴国外军用飞机适航做法，将适航性要求转化为设计要求，纳入各系统设计规范，用设计规范具体指导型号设计，保证在设计时已将适航性要求纳入到设计与验证过程中。

适航性要求与设计规范各有侧重，不能相互替代。适航性要求是保障型号安全的最低要求，是以飞行安全为主的，是适航性验证的技术依据，但并不代表设计目标；而设计规范是型号研制的技术要求，具体指导型号设计，是飞机研制鉴定的技术依据，故设计规范应高于或覆盖适航性要求。

4. 适航性应纳入设计要求

与民机适航标准不同的是，军用航空器适航性审查准则 MIL - HDBK - 516C、军用航空器设计与适航性要求 STAN 00-970 在给出了验证要求的同时,还给出了对应的设计规范,这种做法体现了美军、英军军用航空器适航性均强调安全性的理念纳入设计要求,这种理念更加符合军用飞机研制的客观规律,同时也有别于将最终的符合性验证表明作为适航性唯一判据的做法,因为最终的符合性验证表明只能给出安全水平的标志,但不能给出安全设计的准则以及过程经验。

5. 适航性的过程控制

为了保证产品最终适航性的落实,必须对研制过程中影响飞机飞行安全的各个环节进行有效的过程控制。围绕制定要求、贯彻落实(包括在设计规范中及设计方案中的落实)、验证以及检查确认这 4 个环节,强化适航性的过程控制。只有产品全过程的适航性受控,最终的产品适航性才有保证。

6. 过程符合性检查

军用飞机适航性审查应注重"过程符合性"监控。结合各阶段设计审查及转阶段审查,工业部门对"适航性"进行内部预检查,及时发现设计中的不安全因素,在第一时间消除安全隐患,同时也提高了适航性要求符合性报告的质量和军方适航审查的通过率。

7. 举一反三,不断强化安全性设计理念

经验可谓后事之师,教训堪称前车之鉴。对照轻微、较大、严重、灾难性 4 类事故适航安全水平要求,逐步完善安全性设计准则,不断强化安全性设计理念,打牢型号研制的安全设计基础。设计上不断举一反三,逐步做到"三不":"自己犯的错误不再犯""别人犯的错误我不再犯""从系统原理上和安全理念上不再犯错"。

7.3　军用航空器适航性审查基础的建立

7.3.1　军用航空器适航性审查准则特点

在美国军用航空器适航性审查准则 MIL-HDBK-516 的 1.1 目的中,对其目的阐述如下:适航性审查准则"用于确定有人驾驶和无人驾驶的固定翼和旋翼航空器系统的适航性","用以确定航空器系统的适航性审查基础","仅用于指导,不作为要求被引用"。需要说明的是,MIL-HDBK-516 适航性审查准则的性质是通用的、基础性的和指导性的。

适航性审查准则内容突出了军用航空器性能、功能、任务载荷需求对航空器安全性的要求和管理特点。准则不仅给出了航空器各专业系统的适航要求,而且对每一个条款要求给出了参考性技术文件。参考性技术文件可以分为军用文件和民机商用文件两部分,其借鉴了大量民用航空器适航的成熟经验。

适航性审查准则作为基础性文件,在 MIL-HDBK-516 的 1.2 适用性中指出,"在航空器系统全寿命周期内任一时间,当需要确定其适航性时,特别是功能基线或产品基线发生变化时,应对这些准则进行剪裁使用",通过剪裁建立适航性审查基础并给出剪裁原则。

为适应军用航空器快速发展和特殊任务、功能的需求,适航性审查准则提出了在型号适航性审查基础建立时,应增加平台专用的、以前未规定的准则,以便确定安全性方面特定的技术状态。

7.3.2 军用航空器型号适航性审查基础建立的主要考虑

军用航空器型号适航性审查的唯一责任主体是军方,审查部门代表军方需求利益,依据型号适航性审查基础对其拥有和使用的军用航空器型号进行适航性审查。

型号适航性审查基础是军用航空器特定航空系统或产品设计的安全性评定准则。

在型号适航性审查之初,需要确定一个军方和工业部门都能够接受的最低设计安全水平。对于不同用途/类型的军用航空器,其适航性审查基础可以具有不同的安全水平。

型号适航性审查基础的建立:由军用航空器订货方(军方)、承包商共同通过剪裁适航性审查准则 MIL – HDBK – 516 确定适用准则(包括部分适用准则)和增加专用的、以前未规定的准则,"形成一整套相对完整的(必要和充分的)及适用的型号适航性审查准则。"

① 剪裁主要"考虑特定系统或产品的复杂性、类型、数据和既定用途"。确定适用的准则应"对相应的准则补充特定的测量参数(如对定义的适航性要求补充具体数据)"。

② 增加"平台专用的、以前未规定的准则","以便确定安全性方面特定的技术状态"。例如,"旋翼航空器和无人驾驶航空器/遥控航空器(UAV/ROA)的特点决定了需要特有的飞行安全性(SOF)系统要求"(详见第 8 章"无人机适航性探讨")。"同样,舰载用途的航空器在很多方面有特殊的要求,如结构完整性、推进系统对气流吸入的动态响应和容差、在极不稳定状态下控制系统对进场和着陆的响应、电磁环境效应、飞行甲板操作、保障和维护以及飞行员外部视野"。

③ 在所有的案例中,文件在适用范围和系统特定的、可度量的准则数据值方面的完整性和准确性,对于保证适航性评估的一致性、及时性和准确性是非常重要的。

型号适航性审查基础及编制的符合性验证计划,由军方型号主管部门组建的军用飞机适航性审查组评定,形成文件,作为型号适航性评定、符合性证实依据准则。

7.3.3 军用航空器适航性符合性证实

军用航空器适航性符合性证实必须结合军用航空器相关各专业的特点明确专业分工,包括航空器总体性能和飞行试验、结构强度、动力装置、飞控系统、航电系统、机电系统、制造工程、计算机软件及综合保障等专业。分专业确定型号适航性符合性证实内容,同时又必须按照军用飞机型号研制过程,规划各阶段,如方案设计、工程研制及定型等相应的适航性符合性证实内容。

7.4 军用航空器适航性审查工作实施

7.4.1 军用航空器适航性审查工作原则

军用航空器适航性审查工作必须坚持全过程、全系统原则。影响飞机安全性的因素是多方面的,不仅与飞机的各系统和设备的安全性水平相关,而且与这些系统和设备的设计、使用和维修等工作密切相关。因此,军用飞机适航审查工作必须坚持全过程、全系统原则。

军用飞机型号适航管理组织系统如图 7 – 1 所示。

针对军用飞机型号适航管理,应在型号总设计师系统内设立适航性工作系统,明确相关职

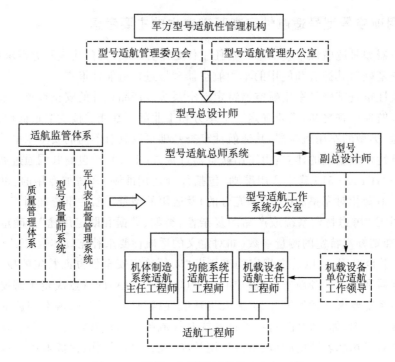

图 7-1 军用飞机型号适航管理组织系统

责,确保型号研制工作中的适航性责任得以落实,这是有效开展军用飞机适航性工作的基本保证:

① 型号总设计师:领导型号适航工作。

② 型号适航总师:在型号总设计师领导下,主管型号适航性工作。建立型号适航性工作系统,进行型号顶层适航性工作的组织、管理与协调;负责确定型号适航性要求,组织适航性工作实施以及重大技术攻关;与各系统总设计师协调处理和解决型号研制中的适航性工作问题。

③ 适航工作系统办公室:负责制定型号适航性工作程序、适航性工作计划,协调、落实并监督其实施,组织进行适航性技术培训。

④ 适航主任工程师:将型号适航性工作目标和要求传达给相关领导和相关人员,确保适航性要求在系统/产品研制过程中得到贯彻与符合,以及适航性符合性设计/验证工程师按其职责合适地介入每一个适航过程并协调他们的工作。

此外,为了推动型号研制单位开展适航性工作,军方建立了型号适航性管理机构,即型号适航管理委员会及其工作机构适航管理办公室,约束与管理总设计师系统开展适航性工作。适航监管体系负责型号适航工作的监督和审查,和民机不同的是,其中尤其要发挥军代表的监督管理作用。型号副总师则需要和各机载设备单位的适航性工作领导保持密切联系,以保证机载设备适航性要求的落实。

7.4.2 军用飞机适航性审查工作程序

军用飞机适航性审查工作程序如下:

1. 成立适航性审查组

空军型号主管部门负责组建军用飞机适航性审查组。审查组召开审查组全体会议,确定各专业审查组组长、成员和分工。

2. 型号研制总要求初步评审

审查组对研制总要求、总设计师单位的初步技术方案和建议的专用技术条件、适用的适航标准和国军标等标准规范进行讨论,形成审查纪要。

3. 型号适航性审定基础评定

对总设计师单位提出的型号适航性审查基础进行评定审查,提出审查意见,形成审查纪要。

4. 型号适航性符合性验证方法和符合性验证计划审查

对总设计师单位和机载设备承研承制单位制定的型号适航性审查基础符合性验证方法和符合性验证计划进行审查,并形成审查纪要。

5. 转阶段设计评审

在型号转阶段设计评审时,按照型号适航性转阶段审查要点,审查组对型号及其分系统、机载设备设计落实适航性要求的情况进行审查。

6. 型号设计资料审查

审查组根据型号设计审查基础和符合性验证方法,对研制单位提交的型号设计资料进行审查。重点审查型号或产品设计是否存在不安全因素,设计特性是否能得到充分检查和试验。根据审查发现的问题,填写型号资料审查表。审查过程中发现的问题应经被审查方签字认可,并与被审查单位项目技术责任人交换审查结论意见,商定解决问题时限,编制《问题纠正行动计划表》。对于有争议的重要问题,须填写审查问题纪要。

7. 试验产品的制造符合性检查

制造专业审查组根据经批准的设计图纸和制造规范,采用现场检验操作、目视检查等方式,判明试验产品及其零部件是否符合设计制造要求,协助其他专业审查员批准需要经实物检查或试验验证才能做出最终评价的设计。根据检查发现,如实记录全部所做的符合性检查或试验和目击检查,包括全部偏差、不符合项目及研制单位的处理意见或纠正措施,填写制造符合性检查记录表。

8. 地面验证试验审查

地面验证试验包括试验室试验、模拟器试验和机上地面试验。

9. 首飞前审查

首飞前,承制方应向审查组提交制造符合性声明、首飞试飞大纲等其他相关技术资料。审查员对提交的资料进行审查,结合型号设计资料审查、试验产品的制造符合性检查和地面验证试验审查等审查结果,给出首飞审查意见,并上报空装重点型号部。

10. 验证试飞审查

总设计师单位按审查基础和符合性验证计划,提出适航性验证试飞要求,试飞单位依据适航性验证试飞要求编制适航性验证试飞大纲,审查组负责审查并对适航性验证试飞全过程进行监督。

进入适航性验证试飞后,审查组提出具体审查要求,由组长指派相关审查员按要求进行地面检查和现场观察试飞,审查过程参照地面验证试验审查的有关要求进行。

11. 最终工程评审

在设计定型前,审查组依据审查基础和符合性验证计划,完成最终工程评审。

7.5 军用飞机适航性审查实例

目前,C-17、A-400M 等军用飞机均已开展了适航性审查工作。C-17 是在飞机投入使用后做的适航性评估,C-17 的型号设计规范对 MIL-HDBK-516 的覆盖情况进行了评估,为飞机后续使用、跟踪及改型建立了依据;A-400M 大型运输机民用构型部分按照欧洲适航标准 CS-25 部标准设计,需要通过 EASA 的适航审查,军用构型部分需要通过军方用户-欧洲联合武装协作组织(OCCAR)的适航性审查。

1. 美国军用飞机型号适航审查实例

2003 年 7 月,美空军依照 AFPD 62-6 和 MIL-HDBK-514(Operational Safety Suitability and Effectiveness for the Aeronautical Enterprise)开展了 C-17 飞机的适航性审查工作,采用经剪裁的 MIL-HDBK-516B 作为适航性审查基础。在审查过程中,美军发现对 MIL-HDBK-516B、C-17 飞机设计规范以及两者之间的关系不够熟悉,采用的符合性方法不够合理明确。为便于文件资料可追溯的管理和记录,审查方建议应用 DOORS 工具建立一个可控的构造环境,以确保数据的完整性和未来飞机改型适航审查时资料的可重复利用性。2009 年 5 月签署了 C-17 的适航性审查准则,为飞机的改型审查建立了基线。

此外,美军还要求 F-15 和 F-16 在改型时须统一进行军用航空器适航性审查工作;对于第四代战机,美军在 F-22 原型机 4002 架机上进行了飞机基础适航性的验证工作,并且所配备的 F119-PW-100 型发动机也通过了美国空军航空系统中心(Aeronautical System Center,ASC)的适航性审查;随后在 F-35A/B 型号研制中通过分析与试验等工作来验证适航性审查和结构完整性等方面的要求。

2. 欧洲军用飞机型号适航审查实例

荷兰在"支奴干(CH-47D)"型军用直升机外部增加了新的电子战防护系统,为此改装开展了独立的军用飞机适航性审查,审查基础采用 Def stan 00-970 VOL 2;乌克兰安东诺夫设计局 AN-70 新型军用战术运输机也开展了适航性工作,1997 年 4 月 24 日第二架飞机进行首飞和验证工作,以证明其总体性能的适航性是可接受的。

习 题

1. 军用飞机适航要求拟定的必由之路是什么?
2. 本章针对军用航空器适航性是如何定义的?
3. 军用飞机与民用飞机适航要求存在哪几点显著差异?
4. 我国军用飞机适航性审查原则包含哪些方面?
5. 军用飞机适航性审查工作程序包括哪些?

第8章　无人机适航性探讨

8.1　无人机独特的技术特征

8.1.1　无人机定义和研发特点

无人机是无人驾驶航空器/遥控航空器(UAV/ROA)的简称,是一种由遥控的、自动或半自动的操纵系统操控,能携带多种任务设备执行多种任务,并能重复使用的、机上无人的有动力航空器。无人机不包括作为一次性使用而设计的航空器(如巡航导弹)。

操纵系统可装在航空器上,或成为遥控航空器控制台的一部分。因此,无人机包括控制台、数据链、飞行控制系统、通信系统/链接本身以及航空器平台本身(参见 MIL - HDBK - 516C3.1.97)。

无人机定义阐明,其是一种以遥控的、自动或半自动的操纵系统取代飞行员操纵的,区别于飞机、导弹或半导弹飞行器、巡航导弹及炮弹的空中飞行器。由于无人机没有人驾驶,不受人员生理限制,不存在生命风险,适合执行"枯燥""肮脏""危险"任务。

相对于有人战斗机,无人战斗机不但可以避免飞行员损失,还能彻底摆脱人体生理极限的束缚,让战斗机的性能达到一个全新的高度。因此,把无人机简单地理解为机上无人的航空器是远远不够的。

无人机具有研制周期相对较短,研制费用较少,使用风险较低,新技术、新材料可优先放宽采用等独特优势,使其得到世界各国的高度重视,发展迅猛。

无人机以无线电技术、自动控制技术、计算机技术作为支撑,应用计算机飞行控制系统的无人机可以按较复杂的任务剖面飞行。自动驾驶仪、电传操纵系统,基于航路点的导航系统、数据链和先进传感器使无人机可以不再完全依赖地面控制,实现灵活飞行,执行多种任务,成为真正意义上的无人驾驶航空器。进而,随着信息化技术、轻量化/小型化任务载荷技术、卫星通信技术、高效空气动力技术、新型能源与高效动力技术、起降技术等的快速发展,无人机性能不断提升,功能不断扩大,各种类型和功能的无人机不断涌现,可以满足军用、民用多种用途需求,现已成为一种新型的航空器。

8.1.2　无人机的基本概念与技术特征

由上所述无人机系统(执行任务飞行系统)是一个空地综合协同的复杂大系统,涵盖了包括无人机、主要载荷设备、地面站、数据链、保障系统(地面)、操作人员等空中、地面单元,其复杂程度超过传统意义上的有人驾驶飞行器。

无人机独特的技术特征有以下几点:

(1)"人机分离"是无人机系统的基本特征。这就决定了无线电技术、自动控制技术、计算机技术等方面的综合发展才能为无人机的发展提供技术支持。这几类技术也是无人机发展的关键核心技术。

（2）无人机设计要求是由任务需求确定的。任务需求牵引推进无人机系统多样化发展已成为其发展的显著特征。彻底摆脱人体生理极限束缚与生命风险的特性，赋予了无人机广阔的应用发展空间和全新的性能提升空间。典型实例：军用无人机有高空长航时无人机、察打一体无人机、超高机动性无人战斗机等，民用无人机有农业、运输、救火、影视、娱乐等领域无人机。可以说，无人机性能功能各异、千差万别，各具特点。无人机性能实用化、功能多样化，使无人机系统趋向应用专门化、关键技术需求各异的多元化方向发展。

（3）无人机发展需要多学科、多领域的关键技术完善和创新发展驱动。与此同时，美国国防部长办公室（Office of the Secretary of Defense，OSD）在 2005—2030 年无人机发展目标中，提出要推动军用无人机系统适航性的发展，其要求为：鼓励开发无人机在控制空域或非控制空域能够安全、及时、常规运行的政策、标准和程序，包括：

① 推进开发、应用和执行工业界通用的与 UAS 设计、制造、试验和部署相关的适航性标准；

② 具有与 FAA 等同的程序，使得国防部（Department of Defense，DoD）的无人机在非限制空域内具有与有人驾驶飞机相等的能力；

③ 开发无人机的现场反应能力，当"看"到其他航空器时可以自主避开，提供与有人驾驶航空器（空军、陆军、海军所属的各军用飞机）等效的安全性水平。

（4）当前亟待解决的无人机关键技术包括：

① 无人机平台技术（涉及气动、结构、动力、发射和回收等技术，决定无人机飞行性能）；

② 能源与动力技术（大涵道比、小尺寸核心机涡扇发动机，新型能源（如太阳能、燃料电池、液氢燃料）系统的应用）；

③ 自主控制技术（包括态势感知技术、规划与协同技术、自主决策技术以及执行技术）；

④ 网络化通信技术；

⑤ 多任务载荷一体化、平台/任务载荷一体化技术。

8.1.3 无人机的分类

无人机作为一种新类型航空器，具有品种繁多、性能各异、功能纷呈、"千人千面"的特征。无人机分类多种多样，典型分类包括：

① 按规模可分为微型无人机、小型无人机、中型无人机、大型无人机；

② 按飞行高度可分为低空无人机、中空无人机、高空无人机、临近空间无人机；

③ 按飞行速度可分为低速无人机、高速无人机；

④ 按机动性可分为低机动无人机、高机动无人机；

⑤ 按能源与动力类型可分为螺旋桨式无人机、喷气式无人机、太阳能无人机、燃料电池无人机；

⑥ 按活动半径可分为近程无人机、短程无人机、中程无人机、远程无人机；

⑦ 按起降方式可分为滑跑起降无人机、火箭助推/伞降回收无人机、空投无人机、弹射无人机、潜射无人机等；

⑧ 按功能用途军用无人机可分为靶标无人机、诱饵无人机、侦察无人机、炮兵校射无人机、电子对抗无人机、电子侦听无人机、心理战无人机、通信中继无人机、测绘无人机、攻击无

机、察打一体无人机、预警无人机等,民用无人机可分为农业、运输、救火、娱乐等类型的无人机。

8.2　民用无人机航空管理法规

8.2.1　民用无人机航空管理面临的挑战

随着无人机市场不断扩大,在商业利益驱动下未经申请就越标飞行的“黑飞”现象层出不穷,扰乱空中交通秩序,“坠机货亡”危及人们生活。无人机还可能被不法分子利用从事犯罪活动,安全风险令人担忧。无人机空管监控系统的研制迫在眉睫。

8.2.2　国外民用无人机航空管理法规

当前,国外民用无人机航空管理法规制定主要考虑并形成以下几方面的规定:

(1) 实现无人机在国家空域内安全飞行,规定用户必须注册

实现无人机在国家空域内安全飞行是美国联邦航空局优先考虑的事情。为此,对小型无人机用户实行注册监管。

2015 年底,FAA 规定所有美国境内的小型无人机用户必须进行注册,所有重量在 250 g 至 25 kg 的无人机都将领取一个专有编号,并将这个编号标示在无人机上,多架无人机的用户只需注册一次。如果拒不注册,一经发现则可能面临巨额罚款甚至监禁。截至 2016 年 5 月,无人机注册量已突破 46 万。

需要说明的是,2015 年 FAA 发布的对无人机实行全面注册的全新监管条规,美国上诉法院于 2017 年 5 月 19 日推翻了这一法规。FAA 推出的这项规定一度引起了无人机行业和一些无人机爱好者的愤怒。一位名叫 John Taylor 的人在美国上诉法院对 FAA 的新规定首先提出了挑战。美国联邦法案第 336(a)条规定,FAA“不得颁布任何关于模型飞机的规则或规定”,“FAA 2015 年的注册规定适用于模型飞机,直接违反了明确的法定禁令。因此,我们批准 Taylor 的请求,并取消注册规定中适用于模型飞机范围的规定。”不过这项裁定并不适用于 2016 年 8 月开始实施的针对商用无人机的规定,商用无人机仍然需要强制性登记。FAA 对此发表了一份声明:“我们正在仔细审查美国上诉法院涉及无人机登记的裁定。FAA 制定登记和操作规则是为了确保无人机以安全的方式运行,不会造成安全和隐私威胁,我们正在考虑我们的选择和对裁决的回应。”

2016 年 2 月,FAA 出台《航空创新改革再授权法案》,将无人机正式引入现有空域,并提出航空管制私有化。

2016 年 6 月,FAA 首次同意商用无人机夜间操作。

(2) 避免无人机与其他航空器发生碰撞引起航空事故

2016 年 5 月,欧洲航空安全局成立了专门应对无人机与其他航空器发生碰撞的航空事故特别处置小组。

(3) 加强反恐,确保重要设施安全

2016 年 3 月 17 日,日本国会通过了旨在加强反恐、禁止小型无人机在重要设施上空飞行的《无人机管制法》,允许警方视情摧毁可疑无人机。

8.2.3 我国民用无人机航空管理法规

面对民用无人机快速发展和令人堪忧的安全风险,特别是针对"黑飞"、恐怖分子的阴谋活动,我国适时制定了民用无人机航空管理法规。

2013 年《民用无人驾驶航空器系统驾驶员管理暂行规定》出台,解决了无人机驾驶人员的资质问题,迈出了民用无人机规范化管理的第一步。其中规定,质量小于等于 7 kg 的微型无人机,飞行范围在目视视距内半径 500 m、相对高度低于 120 m 范围内,无须证照管理;质量等指标高于上述标准的无人机以及飞入复杂空域内的(无人机),驾驶员须纳入行业协会,甚至民航局的监管。

2016 年,为了加强对民用无人驾驶航空器飞行活动的管理,规范其空中交通管理工作,依据《中华人民共和国民用航空法》《中华人民共和国飞行基本规则》《通用航空飞行管制条例》和《民用航空空中交通管理规则》,民用航空主管部门颁布了《民用无人驾驶航空器系统空中交通管理办法》(MD - TM - 2016 - 004)。

民用无人机适航规范和空域管理正在开展,针对无人机的实时监控,不仅可建立无人机定位和合法起飞的判定,还可建立无人机与无人机之间、无人机与通用航空飞机之间的通信和沟通机制,能有效解决无人机空域使用安全中的安全隐患。

2017 年 5 月 16 日,中国民用航空局航空器适航审定司正式颁布管理程序 AP - 45 - AA - 2017 -03《民用无人驾驶航空器实名制登记管理规定》,该规定适用于在中华人民共和国境内最大起飞质量为 250 g 以上(含 250 g)的民用无人机。此外,民航局航空器适航审定司于 2017 年 5 月 19 日召开无人机实名登记工作视频会议,以指导各地区管理局做好无人机实名登记宣传贯彻工作,后续各地区管理局将全面贯彻并推进相关工作。

AP - 45 - AA - 2017 - 03《民用无人驾驶航空器实名制登记管理规定》中的主要内容包括:

(1) 登记要求

自 2017 年 6 月 1 日起,民用无人机的拥有者必须按照本管理规定的要求进行实名登记。

2017 年 8 月 31 日后,民用无人机拥有者如果未按照本管理规定实施实名登记和粘贴标志的,其行为将被视为违反法规的非法行为,其无人机的使用将受影响,监管主管部门将按照相关规定进行处罚。

(2) 职责分配

针对各部门在无人机航空管理中的具体职责说明如下:

① 中国民用航空局航空器适航审定司的主要职责包括:

● 制定民用无人机实名登记政策;

● 管理"中国民用航空局无人机实名登记信息系统"(以下简称无人机实名登记系统)。

② 民用无人机制造商的主要职责包括:

● 在"无人机实名登记系统"中填报其产品的名称、型号、最大起飞重量、空机重量、产品类型、无人机购买者姓名和移动电话等信息;

● 在产品外包装明显位置和产品说明书中,提醒拥有者在"无人机实名登记系统"中进行实名登记,警示不实名登记擅自飞行的危害;

● 随产品提供不干胶打印纸,供拥有者打印"无人机登记标志"。

③ 民用无人机拥有者的主要职责包括:

● 依据本管理规定的要求,在"无人机实名登记系统"进行实名登记。

- 依据本管理规定的要求,在其持有的无人机上粘贴登记标志。
- 当发生本管理规定 3.5 所述情况时,在"无人机实名登记系统"上更新无人机的信息(民用无人机发生出售、转让、损毁、报废、丢失或被盗等情况的应及时注销;民用无人机所有权发生转移后,变更后的所有人应实名登记)。

(3) 民用无人机实名登记要求

1) 针对实名登记的具体流程说明如下:

- 民用无人机制造商和民用无人机所有者在"无人机实名登记系统"上申请账户(http://uas.caac.gov.cn);
- 民用无人机制造商在该系统中填报其所有产品的信息;
- 民用无人机所有者在该系统中实名登记其持有产品的信息,并将系统给定的登记标志粘贴在无人机上。

2) 针对实名登记的信息内容说明如下:

① 民用无人机制造商登记信息:

- 制造商名称和注册地址;
- 产品名称和型号;
- 空机重量和最大起飞重量;
- 产品类别;
- 无人机购买者姓名和移动电话。

② 个人民用无人机所有者需要登记的信息包括:

- 所有者的姓名;
- 有效证件号码(如身份证号、护照号等);
- 移动电话和电子邮箱;
- 产品型号、产品序号;
- 使用目的。

③ 单位民用无人机所有者需要登记的信息包括:

- 单位名称;
- 统一社会信用代码或者组织机构代码等;
- 移动电话和电子邮箱;
- 产品型号、产品序号;
- 使用目的。

3) 其他要求

在管理规定中,还规定了相关的标识和信息更新要求,总结如下:

① 标识要求:民用无人机所有者在收到系统给出的登记标志图片后,将其打印为至少 2 cm×2 cm 的不干胶粘贴牌,采用耐久性方法粘于无人机不易损伤的地方,且始终清晰可辨,便于查看。必须确保无人机每次运行期间均保持登记标志附着其上,登记号和二维码信息不得涂改、伪造或转让。

② 登记信息的更新:民用无人机发生出售、转让、损毁、报废、丢失或者被盗等情况,所有者应及时通过登记系统注销该无人机的信息。民用无人机的所有权发生转移后,变更后的所有人必须按照本管理规定的要求实名登记该民用无人机的信息。

（4）重要意义

《民用无人驾驶航空器实名制登记管理规定》的出台,是民航局对无人机实施监管的重要举措。从监管的角度看,航空器的注册和标识是民航监管体系的重要组成部分,是航空器在空域中安全有序运营的重要保障。对无人机系统而言,注册登记将使航空器和运营人与局方之间建立有效的链接,是后续对无人机系统进行适航管理的重要基础。

此外,为促进和规范无人驾驶航空器产业的健康、有序、持续发展,满足运营、研发、制造、流通、使用等全寿命周期监管的急需,指导当前和未来一段时间内无人驾驶航空器系统标准化工作,国家标准化管理委员会、工业和信息化部、科学技术部、公安部、农业部、国家体育总局、国家能源局、中国民用航空局八部委联合发布了《无人驾驶航空器系统标准体系建设指南(2017—2018年版)》。该指南计划于2017—2018年初步建立无人驾驶航空器系统标准体系,并重点制定一批市场急需、支撑监管的关键标准,2019年开始逐步推进无人驾驶航空器系统标准制定工作,到2020年,基本建立健全无人驾驶航空器系统标准体系,基本实现基础标准、管理标准和技术标准全覆盖,行业应用标准满足相关行业应用需求。

2019年6月4日,无人驾驶航空器系统标准体系建设指南修订工作启动会召开,会议指出,《无人驾驶航空器系统标准体系建设指南(2017—2018年版)》自发布实施以来,重点制定了一批满足产业发展急需的关键标准,取得了突出的成绩,这离不开各无人机企事业单位的共同努力。随着无人机在各行业应用的不断加快,对无人机的质量、安全和性能等方面提出了新的要求,这就需要对《无人驾驶航空器系统标准体系建设指南(2017—2018年版)》进行修订,以满足市场需求和政府监管。此后,2019年7月19日和20日,全国航空器标准化技术委员会无人驾驶航空器系统分技术委员会工作会议暨国家标准审查会在安顺召开。会议旨在进一步推进SAC/TC435/SC1无人机分标委标准技术管理工作,组建无人机分标委工作组。围绕《无人驾驶航空器系统标准体系建设指南》《无人机系统体积重量分级维度》《无人机系统构型分类维度》《基于国际标准化组织无人机分委会(ISO TC20/SC16)工作组划分维度》《基于无人机系统应用方向分类维度》等无人机系统标准体系进行了分组讨论。

8.3 无人机的适航性审查

8.3.1 无人机适航性审查的必要性

适航性是航空器适合飞行应具有的基本性能,与航空器有人驾驶还是无人驾驶无关。无人机适航同样是为了维护公众利益,但更重要的是捍卫国家安全和提升国家竞争力。

无人机在20世纪飞速发展的主要推动源于军事应用需求。执行枯燥、长航时、危险的侦察、情报收集、电磁干扰、电子对抗、通信中继、校靶等多种任务的军用无人机,其适航性直接关系到国家安全和国家竞争力,这充分说明了军用无人机适航性的重要地位和必要性。

无人机空中飞行若出现故障,不仅影响飞行任务的完成,而且可能会扰乱空中交通安全;若出现坠机将会使地面人员受到伤害或损毁地面设施和建筑物,使公共利益受损。由此说明无人机适航也是为了维护公众利益要求。

8.3.2　无人机适航性审查的特点

无人机适航性审查,通常借鉴有人机适航审定准则,形成适航性审查基础,同时又必须充分考虑无人机独特的技术特征,形成的无人机适航性审定具备如下特点:

① 无人机技术特征决定了无人机需要特有的飞行安全性系统要求,规定专用的准则以确保无人机安全使用和维修的最低设计安全水平。

② 由于没有人驾驶,所以无人机不用考虑与飞行机组人员、乘员、乘客人员损失相关的飞行安全性风险。

③ 飞行控制系统可靠性、使用环境影响、设计的机体寿命和能耗评估,是无人机适航性审查重点。

④ 军用无人机和民用无人机,任务需求不同,适航性审查准则差异明显。

8.4　军用无人机适航性审查

8.4.1　军用无人机适航性审查准则

美国军用无人机适航性审查在军用航空器适航性审查准则 MIL – HDBK – 516C 1. 范围规定了以下几点原则:

① 准则适用于"无人驾驶的固定翼和旋翼航空器系统的适航性"。

② "无人驾驶航空器/遥控航空器(UAV/ROA)的特点决定了需要特有的飞行安全性(SOF)系统要求。因此,对这些类型的航空器系统规定了专用的准则,以确保安全使用和维修的最低设计安全水平。"

③ "由于没有人驾驶,所以不用考虑与飞行机组人员损失相关的飞行安全性(SOF)风险","可被剪裁"。包括 UAV/ROA 被设计为一次使用或 UAV/ROA 执行生还希望最小的任务等应用场合。

④ "在紧靠控制系统、人员、财产或其他设备的区域,应考虑 UAV/ROA 的使用环境(包括控制的试验范围、国家空域编队使用,以及舰载使用)、设计的机体寿命,以及 UAV/ROA 的消耗性。"

⑤ 通过剪裁建立型号适航性审查基础。军用无人机型号适航性审查基础 MIL – HDBK – 516 同样是"对用于评定特定系统设计的安全性的适航评定准则,通过剪裁形成的完整的(充分必要的)文件集合"(见 MIL – HDBK – 516C 1.2.1)。UAV/ROA 在尺寸大小、重量和复杂性方面差异性非常大,"不是所有的适航审查准则都适用于航空器的每个型号,而平台专用的、以前未规定的准则可能需要增加,以便确定安全性方面特定的技术状态。因此,应剪裁整套准则,确定一整套相对完整(必要和足够的)及适用的适航审查准则,建立航空器系统审查基础。"

⑥ "文件在适用范围和系统特定的可度量的准则值方面的完整性和准确性,对于保证适航性评估的一致性、及时性和准确性是非常重要的"。

8.4.2　军用无人机适航性审查验证

1. 无人机适航性审查验证要点

无人机是无人驾驶的研制方按任务需求设计的类型、品种繁多的航空器。其无人驾驶特征决定了无人机的适航性首先验证的是其操控起降飞行特性,进而验证研制方任务需求要求等特定验证项目的符合性,只能通过典型无人机实例阐明。无人机适航性验证,由研制方负责并认可。

无人机适航性验证同样是证实无人机(包括其部件和子系统的整体性能和操控特性)在预期的服役使用环境中和使用限制下,始终处于保持符合其型号设计和始终处于安全运行状态。真实无人机实物的飞行(包括起飞和着陆或回收)验证可以证实无人驾驶系统数字仿真和半实物验证的设计结果与任务需求的符合程度和设计更改的要点。无人机适航验证要点如下:

① 验证无人机飞行控制律(包括起飞和着陆或回收)可实现对无人驾驶航空器的有效操作。

② 验证无人机气动设计、结构设计、动力系统间的协调性。

③ 验证无人机的使用性能和功能(任务需求符合性和系统的可靠性)。

④ 拟定该型无人机操控要点、无人机驾驶证颁发,以及人员培训要求和资质认证。

2. 无人机适航性审查验证程序

无人机适航性验证程序可分为无人机地面实测试验、滑跑试验、首飞、设计更改试验和任务载荷试飞等,以达到任务需求指标要求为止。

(1) 地面实测试验

全机系统测试以确定实验室内的数字仿真和半实物验证设计结果与真实事物测试结果间的差异。仿真还是有考虑不周全之处,比如在数学仿真里油门是实时的,但在实际的真实系统中油是缓慢加上去的;刹车也是如此。外场地面实测就是理论和实际校正的过程。

(2) 滑跑试验

全机监测,表明各个系统没有问题后,进行滑跑试验,观察无人机是否能在任何情况下都能滑直,也就是在侧风干扰和人为干扰后能自动纠偏,回到中心线上。再次进行全机监测,评估滑跑对各系统有无影响。一切都没有问题后,才能首飞。

(3) 首 飞

无人机第一次飞行,首飞将要验证无人机全机系统性能和功能;气动设计、结构设计、动力系统间的协调;飞行控制律(包括起飞和着陆或回收)等核心技术。

首飞成功之后,根据相关测试数据,进行结构改进和系统完善等设计更改。

(4) 设计更改试验

无人机重复飞行试验,验证设计更改效果和系统的可重复性。

(5) 任务载荷试飞

证实无人机达到任务需求所提出的要求。

需要特别强调说明的是,无人机设计大量借鉴并采用了有人驾驶飞机的设计经验,或作为原理样机。

● 察打一体化无人机可见高空侦察机影子。

● 美国 X-47B 舰载隐身无人攻击机采用大翼展飞翼布局外形,和 B-2 隐身轰炸机相似。

● 美国 X-37B 无人驾驶空天飞机外形酷似小型的美国航空航天局航天飞机,但它采用了一个双垂直尾翼的设计,这又与美国现役的一些重型战斗机相似。

再有,无人机系列化研制发展、逐步放大、经验积累,是无人机系列适航性验证重点放在首飞和任务载荷试飞上的主要原因。

8.4.3　典型军用无人机适航性审查验证(要点)

1. 察打一体化无人机适航验证(要点)

察打一体化无人机通常是以无人侦察机为原型机而发展起来的一类新型无人驾驶航空器。其外形修长流畅、大展弦比机翼,中空长航时,适合侦察,又具有一定的对地攻击能力,可实现目标"发现即摧毁"的目的。典型型号有美国的"捕食者"、中国的"彩虹"等系列无人机。

察打一体化无人机适航验证应证实最大起飞重量、载荷能力、飞行性能(速度和航时)。强大的载荷能力不仅包括常规双载荷升级(光电载荷生成白色和红外图像)、SAR 载荷(雷达),还可增加雷达侦察干扰、通信侦察干扰等设备,甚至可以安装卫星中继通信数据链,卫星控制半径可达 2 000 km。强大的载荷能力可以将外挂能力由近程攻击弹提升到中程攻击弹,从而实现更大的侦察范围和更大的攻击范围。

按照无人机适航验证程序,察打一体化无人机适航重点在设计更改试飞和任务载荷试飞。

2. 舰载隐身无人作战飞机适航验证(要点)

美国 X-47B 是一种专门供航母搭载使用的喷气式舰载隐身无人作战飞机。它采用隐身化翼身融合设计,作战载荷内置,能够自主从航母飞行甲板起飞和降落。

X-47B 适航验证主要有两点:

① 舰载无人作战飞机需要适应航空母舰狭小的甲板,包括停放和转移等试验,以及自主控制起降验证。

② 舰载无人作战飞机必须承担多种任务,如航母战斗群的巡逻警戒,执行电子侦察,反潜巡逻。多架无人机同时执行任务,无人机智能集群能力必须验证。

无人机智能集群作战指的是在大数据、人工智能、数据链整合以及云计算基础上,同时发射数十架乃至更多的无人机进行集群化指挥,并在智能分工的情况下,无人机自行编队精确分工,同时执行多种任务和多目标打击的集群化智能作战方式。

3. 临近空间超高速无人机适航验证飞行

美国无人驾驶空天飞机(航空航天飞机简称)(X-37B)是临近空间超高速无人机。

美国无人驾驶空天飞机(X-37B)长约 8.8 m,翼展近 4.6 m,高约 2.74 m,重约 5 t,外形酷似小型的美国航空航天局航天飞机(尺寸约为航天飞机的 1/4),但它采用了双垂直尾翼的设计,这又与美国现役的一些重型战斗机相似。

空天飞机的奥妙之处在于它具有一种混合配置的动力装置。空天飞机中安装有涡轮喷气发动机、冲压发动机和火箭发动机。涡轮喷气发动机可以使空天飞机水平起飞、升空,当时速超过 2 400 km 时,就使用冲压发动机,使空天飞机在 6 万米高空大气层内以 3 000 km 的时速飞行;如果采用火箭发动机加速,空天飞机就会冲出大气层,像航天飞机一样,直接进入太空飞行轨道。返回大气层后,它又能像普通飞机一样在机场着陆,成为自由往返天地间的运输工具。在轨运行时,由砷化镓太阳能电池和锂离子蓄电池提供动力能源。

X-37B 首次飞行:2010 年 4 月火箭发射升空,8 个月后返回地面。

第 2 次飞行:2011 年 3 月发射升空,15 个月后返回地面。

第 3 次飞行:2012 年 12 月发射升空,22 个月后返回地面。

X-37B 在太空中接受导航、控制、防热等测试,并检验其能否在自主控制下,按轨道飞行、返回大气层以及着陆。

8.4.4 国外军用无人机适航性审查概况

2006 年 1 月 25 日,诺思罗普·格鲁门公司生产的 RQ‐4A"全球鹰"首次通过了美空军的军用适航性审查。美空军确认"全球鹰"系统具备安全和可靠运行的能力,并认可了 FAA 已经为其颁发的适航证。"全球鹰"无人机的适航性审查过程非常严格,以 MIL‐HDBK‐516B 为基础选取了 500 多条适航性技术条款作为审查基础,共计花费了 3 年的时间(累计 77 000 人工时),使用了交付空军的 5 架无人机。除此之外,新的"全球鹰"RQ‐4B 型无人机的适航性审查过程也已经开展,其军用适航性审查工作已于 2007 年底完成。

此外"捕食者 MQ‐1"无人机,"收获者 MQ‐9"无人机也进行了适航性审查工作。

以色列航空工业公司(IAI/MATLA)研制的无人机包括了从 0.5 kg 的 Mosquito 无人机到 4 650 kg 的 Heron TP 高空长航时无人机等多种型号,也在积极推进无人机系统适航性工作。以色列生产的无人机获得的他国军用无人机系统适航性批准和飞行批准如表 8‐1 和表 8‐2 所列。

表 8‐1 以色列军用无人机型号适航性审查现状

以色列 UAV 系统	他国批准方/审查过程	批准国家	年 份
Ranger ADS95	瑞士国防部和芬兰国防部 (适航性审查过程)	瑞士	1999—2000 年
B‐Hunter	比利时国防部 (军用适航过程,剪裁了 JAR VLA 和 MIL‐STD882C)	比利时	2001—2002 年
Heron	法国国防部(DGA) (型号适航性审查)	法国	2006—2008 年
Heron	加拿大国防部(DND) (DND 适航规章,"SIDM"验证)	加拿大	2008 年

表 8‐2 以色列无人机型号飞行批准现状

以色列 UAV 系统	他国批准方/飞行审查	批准国家 (审查地点)	年 份
Firebird 2001	FAA CoA(局方合格证)	美国 (蒙大拿州)	1996 年
Eagle/Heron	瑞典国防部和瑞典民航局	瑞典 (基律纳民用航空站)	2002 年
	加拿大国防部	加拿大	2003 年
	美国国防部(DoD)/美国民航局、英国国防部	美国、加拿大	2003 年
	新加坡	新加坡	2004 年、2006 年
	加拿大运输部/SFOC	加拿大	2007—2008 年
	澳大利亚民用航空安全局(CASA)	澳大利亚	2008 年
	西班牙空军	西班牙 (民用/军用混合机场)	2008 年

8.5　我国无人机适航性审查进展

1. 持续跟踪研究国外无人机系统适航性要求

在军用无人机系统方面跟踪研究美国、英国等的军用无人机系统适航性规章,并对其中引用的标准进行了收集整理,在民用无人机方面跟踪研究美国、欧洲以及澳大利亚的无人机系统适航性管理规章及管理文件。此外,还分析了国外无人机规章体系的总体思路和考虑,形成我国军用和民用无人机系统适航性要求制定的思路和建议。

2. 深入开展无人机系统适航性技术研究

通过对目前国际上主要的军民用无人机系统适航性要求开展适用性和可行性分析,按照系统专业划分进行适用性和可行性分析,编制无人机系统各系统或专业的设计要求和验证要求,规划无人机系统适航性技术顶层框架体系。在完成无人机系统适航性顶层标准研究的基础上,还需要继续开展各系统/专业的适航性技术研究,形成适航性设计和验证指南,指导无人机系统的适航性设计和验证工作。

3. 借鉴有人机经验开展无人机系统制造适航性控制技术研究

目前,国内各无人机系统研制单位都建立了完善的质量管理体系,但是基本都没有将适航性要素纳入质量体系的范畴之内。在无人机型号研制中,需要将适航性和质量工作统一,在质量体系框架下,纳入适航性的管理要素,形成制造过程的适航性控制体系,促进型号适航性管理过程控制的有效执行,确保制造出的产品符合经批准的设计要求,确保适航性设计能够在制造中得以实现。

4. 开展无人机适航关键技术研究

结合国际军标、航标、国外协会标准以及美军用标准规范等工业标准、设计手册、技术指南、工程资料和使用说明等技术资料及国内外型号工程案例,开展无人机适航验证关键技术研究。针对无人机应急回收能力、通信数据链的安全可靠、飞控系统的导航定位和传感技术、地面控制站技术等更高的要求,开展验证方法研究验证整个结果所造成的影响。

5. 建设无人机适航技术体系

建设军用和民用无人机适航技术体系,确立军用和民用无人机适航标准,开展军用和民用无人机发展的关键适航验证技术攻关,掌握无人机适航取证全过程和相应的符合性验证技术,为无人机的适航性水平与国际接轨,产品取得民机发达国家适航证书并进入国内外市场打下坚实基础。

6. 开展无人机系统持续适航性技术与管理体系研究与建设

无人机系统持续适航的目标是通过执行适当的政策、组织和管理控制以持续保证无人机系统具有较高的安全水平。持续适航性涵盖了为确保无人机系统在其整个使用寿命期内的任何时候都能满足适航性要求,并处于安全运行状态的所有工作过程。无人机的持续适航性体系研究和建设的内容包括:控制服役期间无人机的持续适航性,保证采取了相应的检查和补救措施;服务通报的编制与管理;控制修理批准质量,提供结构修理手册的修订内容等。

习 题

1. 2013 年《民用无人驾驶航空器系统驾驶员管理暂行规定》中是如何规定证照管理的？
2. 在"无人机实名登记系统"中需要填报的信息包含哪些？
3. 无人机适航性审查特点包含哪些？
4. 无人机适航性审查验证包含哪些要点？

附　录

附录1　缩略语

1. 民航机构和法规

1. ARAC：Aviation Rulemaking Advisory Committee（航空立法咨询委员会）
2. CAAC：Civil Aviation Administration of China（中国民用航空局）
3. CAR：Civil Aviation Regulations（民用航空规章）
4. CCAR：China Civil Aviation Regulations（中国民用航空规章）
5. CFR：Code of Federal Regulation（美国联邦法规）
6. CS：Certification Specification（欧盟合格审定规范）
7. EASA：European Aviation Safety Agency（欧洲航空安全局）
8. FAA：Federal Aviation Administration（美国联邦航空局）
9. FAR：Federal Aviation Regulations（美国联邦航空规章）
10. IATA：International Air Transport Association（国际航空运输协会）
11. ICAO：International Civil Aviation Organization（国际民航组织）
12. JAA：Joint Aviation Authorities（欧洲联合航空局）
13. JAR：Joint Aviation Requirements（联合航空要求）
14. SITA：Society International De Telecommunicatioan Aero-nautiques（国际航空电信协会）

2. 适航证件

1. AA：Airworthiness Approval（适航批准书）
2. AC：Airworthiness Certificate（适航证）
3. AD：Airworthiness Directive（适航指令）
4. AP：Airworthiness Procedure（适航管理程序）
5. CTSOA：Certificate Technical Standard Order Approval（技术标准规定项目批准书）
6. ECA：Export Certificate of Airworthiness（出口适航证）
7. MDA：Modification Design Approval（改装设计批准书）
8. MEL：Minimum Equipment List（最低设备清单）
9. MP：Maintenance Permit（维修许可证）
10. MPD：Maintenance Planning Document（维修计划文件）
11. MPL：Maintenance Personnel License（维修人员执照）
12. MRBR：Maintenance Review Board Reports（维修大纲）

13. MSG：Maintenance Steering Group（维修指导小组）

14. PC：Product Certification（生产许可证）

15. PMA：Parts Manufacturing Approval（零部件制造人批准书）

16. RC：Registration Certificate（国籍登记证）

17. SB：Service Bulletin（服务通告）

18. STC：Supplemental Type Certification（补充型号合格证）

19. TC：Type Certification（型号合格证）

20. TCB：Type Certification Board（型号合格审定委员会）

21. TDA：Type Design Approval（型号设计批准书）

22. TSO：Technical Standard Order（技术标准规定）

23. VDA：Validation Design Approval（设计批准认可证）

24. VSTC：Validation Supplemental Type Certification（补充型号认可证）

25. VTC：Validation Type Certification（型号认可证）

3. 其 他

1. ASC：Aeronautical System Center（美国空军航空系统中心）

2. CDL：Configuration Deviation List（外形缺损清单）

3. FBW：Fly by Wire Flight Control System（电传飞行控制系统）

4. FHA：Functional Hazard Analysis（功能危害性评估）

5. GSHWG：General Structures Harmonization Working Group（通用结构协调工作组）

6. IPD：Integrated Product Design（一体化产品设计）

7. MBSE：Model Based System Engineering（基于模型的系统工程）

8. PSSA：Preliminary System Safety Assessment（初步系统安全性分析）

9. SSA：System Safety Assessment（系统安全性分析）

10. SL：Service Letter（制造商服务信息）

11. SPC：Statistical Process Control（统计过程控制）

12. UAV：Unmanned Aerial Vehicle（无人机）

附录 2 术 语

1. 适航性(Airworthiness):航空器适合飞行(包括起飞和着陆)的能力,是航空器的固有属性。

航空器的适航性是指该航空器包括部件及子系统整体性能和操纵特性在预期运行环境和使用限制下的安全性和物理完整性的一种品质。这种品质要求航空器应始终处于保持符合其型号设计和始终处于安全运行状态。

2. 中国民用航空规章(China Civil Aviation Regulations):由国务院负责管理民用航空活动的行政机关——中国民用航空局(CAAC)制定、发布的涉及民用航空活动的专业性规章。中国民用航空规章具有法律效力,凡从事民用航空活动的任何单位和个人都必须遵守中国民用航空规章。

3. 适航标准(Airworthiness Standards):民用航空规章规定的各类飞机适合飞行的安全性水平要求,包括对飞行、结构、设计与制造、动力装置、设备、使用限制和资料、电气线路互联系统(EWIS)以及附录等具体内容应达到的安全水平要求。标准规定用于颁发和更改飞机型号合格证的适航标准;根据民用航空规章规定申请或更改飞机型号合格证的申请人,必须表明符合本规定中适用的要求。

4. 民用航空器适航管理(Administration of the Airworthiness of Civil Aircraft):中国民用航空管理规章的实施细则和具体管理程序,使规章的执行更具操作性,更规范。

5. 咨询通告(Advisory Circulars):适航当局按指定的航空规章条款主题范围发布,以提供对法规理解的指导和信息,或表明适航当局可接受的满足相关航空规章条款要求的方法(符合性证明方法)。

6. 型号合格审定(Type Certification):中国民用航空局(CAAC)对民用航空产品(指航空器、发动机和螺旋桨)进行设计批准的过程,包括颁发型号合格证、对型号设计更改的批准以及技术标准规定项目批准书对设计部分的批准。

7. 型号合格审定委员会(Type Certification Board):型号合格审定项目的管理团队,负责监控型号合格审定项目的审查工作,解决审查中出现的重大问题。

8. 型号合格审定基础(Basis of Type Certification):是经局方型号合格审定委员会确定的,对某一民用航空产品进行型号合格审定的依据。型号合格审定基础包括有效适用的适航规章、环境保护要求及局方确定的专用条件,豁免和等效安全结论。

9. 专用条件(Special Condition):由于民用航空产品具有新颖或独特的设计特点、预期用途是非常规的,或类似产品使用经验表明可能产生不安全状况等原因,使得有关的适航规章没有包括适当的或者足够的安全要求,民航局适航司制定并颁发的补充安全要求。

10. 型号设计(Type Design):包括定义民用航空产品构型和设计特征符合有关适航规章和环境保护要求所需的图纸、技术规范及其清单;确定民用航空产品结构强度所需的尺寸和工艺资料;以及航空规章要求的持续适航文件中的适航性限制部分。

11. 设计保证(Design Assurance):型号合格证或型号设计批准书申请人为了充分表明其具有以下能力所必需的所有有计划的、系统性的措施:① 设计的产品符合适用的适航规章和环境保护要求;② 表明并证实对适航规章和环境保护要求的符合性;③ 向型号合格审定委员会和型号合格审定审查组演示这种符合性。

12. 等效安全(Equivalent Level of Safety)：虽不能表明符合条款的字面要求,但存在补偿措施并可达到等效的安全水平。

13. 生产许可审定(Product Certification)：局方允许按照经批准的设计和经批准的质量系统生产民用航空产品或者零部件的生产批准过程,包括颁发生产许可证或者零部件制造人批准书、技术标准规定项目批准书对生产部分的批准。

14. 质量系统(Quality System)：生产许可证的申请人或者持有人应当建立并书面描述一个质量系统,以确保每一民用航空产品及其零部件均能符合经批准的设计并处于安全可用状态,包括设计资料控制程序,与设计批准的申请人或者持有人的协调,文件控制程序,人员能力和资格,供应商控制程序,制造过程控制程序,检验和试验程序,规定所有检验、测量和试验设备的校准和控制程序,检验和试验状态的记录程序,不合格的民用航空产品和零部件的控制程序,纠正和预防措施的程序,搬运和存储的程序,质量记录的控制程序,内部审核的程序,航空器维护的程序,使用反馈的程序,质量疏漏的程序。

15. 适航合格审定(Airworthiness Certification)：局方对每一航空器、航空发动机、螺旋桨或者零部件符合经批准的设计并处于安全可用状态进行(单机)适航批准的过程(包括颁发适航证)。

16. 持续适航(ContinuingAirworthiness)：局方为确保航空器在其整个服役使用寿命期内的适航性所采取的所有行为(即工作过程)。航空器的持续适航性由(单机)适航证持有人/营运人和型号合格证持有人双方管理部门共同保证。

17. 结构完整性(Structural Integrity)：影响飞机安全使用和成本费用的机体结构件的结构强度、刚度、损伤容限、耐久性和功能的总称。

18. 主结构(Primary Structure)：其破坏会降低飞机结构完整性的承受飞行、地面和增压载荷的结构,如机翼、尾翼、操纵面及其系统、机身、发动机安装架以及和它们相关的主要连接元件。

19. 关键结构(Critical Structure)：承载结构/元件,其完整性对维持飞机的整体飞行安全是至关重要的,如运输类飞机主要结构元件(PSE)是关键结构。

20. 灾难性事故/破坏(Catastrophic Accident)：任何妨碍飞机继续安全飞行与着陆的失效状态下,发生的飞机破坏,往往会造成飞机损毁和多名乘客伤亡的后果,在飞机使用寿命期内,该失效状态发生的概率应为极不可能。

21. 过程控制理念(Process Control Mentality)：对产品或工艺决定性能/质量的关键参数通过实施自始至终全过程的检查和试验技术途径,实现产品或工艺性能/质量保证的构想。

22. 安全系数(Safety Factor)：用于极限载荷计算的载荷放大系数,即极限载荷等于限制载荷乘以安全系数。适航标准规定,除非另有规定,安全系数必须采用1.5。

23. 安全裕度(Safety Margin)：飞机结构强度承载能力的余量或缺额评定的表征值,可以用于结构强度安全性评估。(应力)设计值减去工作应力的差值与工作应力的比值。正值表示满足设计要求,表示安全的裕度;若为负值,表示工作应力已超过(应力)设计值,不满足设计要求(破坏)。

附录3 航空器适航文件汇总

1. 主要航控规章(以最新有效文件为准)

1.《民用航空产品和零部件合格审定规定》(CCAR-21-R4)
2.《正常类、实用类、特技类和通勤类飞机适航规定》(CCAR-23-R3)
3.《运输类飞机适航标准》(CCAR-25-R4)
4.《运输类飞机的持续适航和安全改进规定》(CCAR-26)
5.《交通运输部关于修改《正常类旋翼航空器适航规定》的决定》(CCAR-27-R2)
6.《交通运输部关于修改《运输类旋翼航空器适航规定》的决定》(CCAR-29-R2)
7.《载人自由气球适航规定》(CCAR-31)
8.《航空发动机适航规定》(CCAR-33-R2)
9.《涡轮发动机飞机燃油排泄和排气排出物规定》(CCAR-34)
10.《螺旋桨适航标准》(CCAR-35)
11.《航空器型号和适航合格审定噪声规定》(CCAR-36-R2)
12.《民用航空材料、零部件和机载设备技术标准规定》(CCAR-37AA)
13.《民用航空器适航指令规定》(CCAR-39AA)
14.《民用航空器国籍登记规定》(CCAR-45-R1)
15.《民用航空用化学产品适航规定》(CCAR-53)
16.《民用航空油料适航规定》(CCAR-55)
17.《民用航空器维修人员执照管理规则》(CCAR-66-R3)
18.《交通运输部关于修改《一般运行与飞行规则》的决定》(CCAR-91-R3)
19.《大型飞机公共航空运输承运人运行合格审定规则》(CCAR-121-R6)
20.《交通运输部关于修改《小型航空器商业运输运营人运行合格审定规则》的决定》(CCAR-135-R2)
21.《民用航空器维修单位合格审定规定》(CCAR-145-R3)
22.《民用航空器适航委任代表和委任单位代表的规定》(CCAR-183AA-R1)
23.《民用航空标准化管理规定》(CCAR-375SE-R2)
24.《中国民用航空计量管理规定》(CCAR-379SE)

2. 主要管理程序(以最新有效文件为准)

1.《适航规章及法规性文件的制定和修订程序》(AP-01-2R1)
2.《适航审定人员培训管理程序》(AP-00-AA-2014-01R4)
3.《接受国外符合性资料的政策指南》(AP-00-AA-2012-03)
4.《适航审定工作表格使用要求》(AP-00-AA-2013-04)
5.《适航规章和环境保护要求制定和修订程序》(AP-11-AA-2010-01)
6.《规范性文件制定和修订程序》(AP-12-AA-2010-01)
7.《生产批准和监督标准化检查程序》(AP-15-AA-2017-01)

8. 《进口民用航空产品和零部件认可审定程序》(AP - 21 - 01R2)

9. 《关于国产民用航空产品服务通告管理规定》(AP - 21 - 02)

10. 《航空器型号合格审定程序》(AP - 21 - AA - 2011 - 03 - R4)

11. 《生产批准和监督程序》(AP - 21 - AA - 2019 - 31)

12. 《民用航空器及其相关产品适航审定程序》(AP - 21 - AA - 2008 - 05R2)

13. 《民用航空材料、零部件和机载设备的合格审定程序》(AP - 21 - 06R3)

14. 《民用航空产品和零件适航证件的编号规则》(AP - 21 - 07)

15. 《仅依据型号合格证生产的审定和监督程序》(AP - 21 - 08)

16. 《批准放行证书/适航批准标签的使用程序》(AP - 21 - 10)

17. 《生产制造主管检查员工作程序》(AP - 21 - 12)

18. 《代表外国适航当局进行生产监督的工作程序》(AP - 21 - 13)

19. 《补充型号合格审定程序》(AP - 21 - 14)

20. 《进口民用航空器重要改装设计合格审定程序》(AP - 21 - 15)

21. 《民用航空发动机失效、故障和缺陷信息处理程序(暂行)》(AP - 21 - 16)

22. 《认可审查资料归档管理程序》(AP - 21 - AA - 2009 - 18)

23. 《美国民用航空产品和 TSO 件认可审定程序》(AP - 21 - AA - 2009 - 19)

24. 《航空器及其零部件设计批准工作标准化程序》(AP - 21 - AA - 2012 - 20)

25. 《颁发专用条件和批准豁免的程序》(AP - 21 - AA - 2018 - 21R1)

26. 《生产批准书持有人联合检查工作程序》(AP - 21 - AA - 2015 - 22)

27. 《生产批准和监督程序》(AP - 21 - AA - 2019 - 32)

28. 《轻型运动航空器生产批准及适航审定程序》(AP - 21—AA - 2015 - 23)

29. 《航空器型号合格审定试飞安全计划》(AP - 21 - AA - 2014 - 31R1)

30. 《中国民航试飞员和试飞工程师的职责、程序和培训要求》(AP - 21 - AA - 2015 - 33R1)

31. 《航空产品设计更改审定基础的确定程序》(AP - 21 - AA - 2014 - 36)

32. 《轻型运动航空器型号设计批准审定程序》(AP - 21 - AA - 2015 - 37R1)

33. 《适航指令的颁发和管理程序》(AP - 39 - 01R1)

34. 《民用航空器国籍登记管理程序》(AP - 45 - AA - 2008 - 01R3)

35. 《依据《不可撤销的注销登记和出口请求许可书》的民用航空器国籍注销登记管理程序》(AP - 45 - AA - 2011 - 02R1)

36. 《民用无人驾驶航空器实名制登记管理规定》(AP - 45 - AA - 2017 - 03)

37. 《民用航空燃料供应企业适航审定程序》(AP - 55 - 01)

38. 《民用航空油料检测单位适航审定程序》(AP - 55 - 02)

39. 《民用航空油料适航证后监管程序》(AP - 55 - AA - 2008 - 03)

40. 《民用航空汽油合格审定及证后监管程序》(AP - 55 - AA - 2014 - 04)

41. 《适航委任代表管理程序》(AP - 183 - AA - 2018 - 01R1)

42. 《适航委任单位代表管理程序》(AP - 183 - AA - 2018 - 11)

43. 《民用航空人员体检鉴定机构管理程序》(AP - 183FS - 004)

44. 《中国民用航空行业标准管理办法》(AP - 375 - SE - 2012 - 008)

45. 《民用航空计量检定规程立项及报批工作程序》(AP - SE - 1997 - 004)

参考文献

［1］ FAA. Overview of the ATOS（Air Transportation Oversight System）Model［OL］.
［2018-02-02］. https：//www. faa. gov/about/initiatives/sas/library/（Overview of the
ATOS（Air Transportation Oversight System）Model）.

［2］ 林斐. 浅谈美国 FAA 的航空运输监控系统［J］. 江苏航空,2007,1: 2-5.

［3］ 中国民用航空局飞行标准司. 正常类、实用类、特技类和通勤类飞机适航规定（CCAR-23-
R3）［S/OL］.（2004-10-12）［2020-03-11］. http：//www. caac. gov. cn/XXGK/XXGK/
MHGZ/201511/P020151103350055342625. pdf.

［4］ 中国民用航空局政策法规司. 运输类飞机适航标准（CCAR-25-R4）［S/OL］.（2016-03-17）［2020-
03-11］. http：//www. caac. gov. cn/XXGK/XXGK/MHGZ/201606/P020160622405532063536.
pdf.

［5］ AC25. 1309-1A. https：//www. faa. gov/documentLibrary/media/Advisory_Circular/AC
_25_1309-1A. pdf.

［6］ AC23. 1309-1E. https：//www. faa. gov/documentLibrary/media/Advisory_Circular/AC
_23_1309-1E. pdf.

［7］ 宋兆泓,石建广. 空难杂谈:飞机失事十大相关问题［M］. 北京:清华大学出版社,2015.

［8］ 杨乃宾,梁伟. 飞机复合材料结构适航符合性证明概论［M］. 北京:航空工业出版
社,2015.

［9］ 飞机失事如何自救 6 条自救方法要谨记［OL］.（2013-07-08）［2019-9-15］. http：//travel.
cntv. cn/2013/07/08/ARTI1373253591012833. shtml.

［10］ 张铮. 飞机失事比浴缸溺亡概率还小［N］. 济南日报,2014-03-11.

［11］ The International Air Transport Association（IATA）. IATA Safety Report 2013［R/
OL］. 2014.（2015-10-12）［2020-06-01］. https：//www. docin. com/p-1329509838. html.

［12］ 中国民用航空局政策法规司. 民用航空产品和零部件合格审定规定（CCAR-21-R4）［S/
OL］.（2017-05-24）［2020-04-01］. http：//www. caac. gov. cn/XXGK/XXGK/MHGZ/
201707/t20170717_45368. html.

［13］ 许娟. 中国民用航空适航管理［D］. 南京:南京航空航天大学,2009.

［14］ 中国民用航空局政策法规司. 中华人民共和国民用航空器适航管理条例［S/OL］.
（1987-05-04）［2017-06-10］. http：//www. caac. gov. cn/XXGK/XXGK/FLFG/201510/
t20151029_2788. html.

［15］ 中国民用航空局航空器适航审定司. 航空器型号合格审定程序（AP-21-AA-2011-03-R4）
［S/OL］.（2011-03-18）［2020-04-18］. http：//www. caac. gov. cn/XXGK/XXGK/
GFXWJ/201511/t20151102_8036. html.

［16］ 王波涛. FAA 发展历史以及规章、支持性文件介绍［OL］.（2015-03-19）http：//news.
carnoc. com/list/309/309451. html.

[17] Federal Aviation Administration. FAA Strategic Initiatives[S/OL]. (2015-07-12)https://www.faa.gov/about/plans_reports/media/FAA_Strategic_Initiatives_Summary.pdf.

[18] 中国民用航空局. 中国民用航空局主要职责[OL]. http://www.caac.gov.cn/website/old/G1/G2/.

[19] 中国民用航空局. 关于印发民航局机关各部门主要职责的通知[OL]. (2010-03-09)[2017-06-10]. www.caac.gov.cn/XXGK/XXGK/JGZN/201511/t20151123_14745.html.

[20] 国际民用航空组织简介[OL]. www.caac.gov.cn/website/old/L1/L5/L5_5/.

[21] 赵越让. 适航理念与原则[M]. 上海：上海交通大学出版社,2013.

[22] 中国民用航空局综合司. 国际航空运输协会简介[OL]. (2017-04-21)[2017-06-10]. www.caac.gov.cn/XXGK/XXGK/DWGX/201601/t20160112_26497.html.

[23] IATA. Vision and Mission[OL]. [2017-06-01]. https://www.iata.org/about/Pages/mission.aspx.

[24] 孙继湖. 航空运输概论[M]. 北京：中国民航出版社,2009.

[25] 中国民用航空总局航空器适航司. 中国民用航空器适航管理[M]. 北京：中国民航出版社,2010.

[26] 顾铮. 浅议欧盟新建的航空法规体系[J]. 民航管理,2005,5：70-72.

[27] 陈炜,郝莲,哈红艳. 浅析欧洲航空安全局设计组织批准制度[J]. 航空航天科学技术,2017,14(26)：8-10.

[28] 中国民用航空局政策法规司. 中华人民共和国民用航空法[OL]. (2018-12-29)[2019-01-10]. http://www.caac.gov.cn/PHONE/XXGK_17/XXGK/FLFG/201510/t20151029_2777.html.

[29] 张越梅,浦传彬,刘晓华. 浅谈民用飞机的适航管理[J]. 民用飞机设计与研究,2008,2：37-42.

[30] 中国民用航空局政策法规司. 中华人民共和国民用航空器国籍登记条例[OL]. (1997-10-21). http://www.caac.gov.cn/XXGK/XXGK/FLFG/201510/t20151029_2790.html.

[31] 马广文. 交通大辞典[M]. 上海：上海交通大学出版社,2005.

[32] 陈桂彬,杨超,邹丛青. 气动弹性设计基础[M]. 2版. 北京：北京航空航天大学出版社,2010.

[33] 司古. 民用航空安全与风险的角力史[J]. 航空知识,2014(6)：28-33.

[34] Federal Aviation Administration. Advisory Circular No. 25.571-1D, Damage Tolerance and Fatigue Evaluation of Structure[S/OL]. Washington, DC, January 13, 2011 (2011-01-13)[2017-06-10]. https://www.faa.gov/regulations_policies/advisory_circulars/index.cfm/go/document.information/documentID/865446.

[35] 海闻. 悄然变化的航空业[N]. 北京青年报,2015-03-08.

[36] 王毅强,郭涛,卢翔. FAA对老龄飞机持续适航管理现状的分析[J]. 航空维修与工程,2017,7：63-66.

［37］ National Transportation Safety Board. Aircraft accident report：In-flight breakup over the atlantic ocean，TransWorld Airlines Flight 800，Boeing 747-131，N93119，Near East Moriches，New York. 1996-07-17.

［38］ 中国民用航空局航空器适航审定司. 适航规章及法规性文件的制定和修订程序（AP-01-2R1）［S/OL］.（1994-04-06）. http：//www. caac. gov. cn/XXGK/XXGK/GFXWJ/201511/t20151102_7947. html.

［39］ 魏楞杰. 从安全寿命到损伤容限——飞机结构设计的观念变化与演进［OL］. https：//wenku. baidu. com/view/80278871cd84b9d528ea81c758f5f61fb7362828. html.

［40］ The Office of the Federal Register (OFR) and the Government Publishing Office. Damage—tolerance andFatigue Evaluation of Structure（FAR 25. 571）［OL］.［2018-04-12］. https://www. ecfr. gov/cgi-bin/text-idx? SID＝2f49c66ebfa63eacd1c1d0b9272ea36d＆mc＝％20true＆node＝se14. 1. 25_1571＆rgn＝div8

［41］ Federal AviationAdministration. Advisory Circular No. 25. 571-1C，Damage Tolerance and Fatigue Evaluation of Structure［S］. Washington DC，April 29，1998.

［42］ 诸文洁. 民用飞机适航规章 CCAR25_1309 条款对可靠性管理要求探析［J］. 民用飞机设计与研究，2009（4）：15-19.

［43］ 郑建，沈飞. 民用飞机电源系统对 25. 1309 条款的符合性验证研究［J］. 航空科学技术，2014（7）：23-26.

［44］ 新华社新媒体. 新闻分析｜美国大反转停飞波音 737 MAX 型号客机的背后［OL］.（2019-03-14）［2019-03-16］. https：//baijiahao. baidu. com/s? id＝1627984588066951643＆wfr＝spider＆for＝pc.

［45］ Federal AviationAdministration. Advisory Circular No. 20-107A，Composite Aircraft Structure［S/OL］. Washington DC，1984-04-25. https：//www. docin. com/p-234233501. html.

［46］ Federal Aviation Administration，Advisory Circular No. 20-107B，Composite Aircraft Structure［R/OL］. Washington DC，2009-09-08. https：//www. faa. gov/regulations_policies/rulemaking/committees/documents/media/App％ 20M％ 20-％ 2020-107B _ CHG2％205-1-17％20FINAL. pdf

［47］ 张彤. 机动速度对飞行安全影响的研究［J］. 民用飞机设计与研究，2014，4：27-30.

［48］ 中国民用航空局政策法规司. 一般运行和飞行规则（CCAR-91-R2）［S/OL］.（2007-09-10）. http：//www. caac. gov. cn/XXGK/XXGK/MHGZ/201511/t20151102_8444. html.

［49］ 中国民用航空华北地区管理局. 中国民用航空华北地区管理局内设机构及其主要职责［OL］. http：//hb. caac. gov. cn/ HB_ZZJG/.

［50］ 中国民用航空局政策法规司. 运输类飞机的持续适航和安全改进规定（CCAR-26）［S/OL］.（2016-03-17）［2017-06-10］. http：//www. caac. gov. cn/XXGK/XXGK/MHGZ/201701/t20170119_41846. html.

［51］ 逯军. 民机飞行控制系统的安全性评估和分析研究［D］. 天津：中国民航大学，2009.

［52］ AJOY K K. Cambridge Aircraft Design［M］. Cambridge：Cambridge University Press，2010.

[53] 雷曼尔 D P.现代飞机设计[M].钟定逵,余敦信,译.北京:国防工业出版社,1992.

[54] 航空科学技术名词审定委员会.航空科学技术名词[M].北京:科学出版社,2003.

[55] Federal Aviation Administration. Docket No. NM367 Special Conditions No. 25-363-SC SpecialConditions:Boeing 787-8 Airplane; Tire Debris Penetration of Fuel Tank Structure [S]. USA:Department of Transportation,2007.

[56] 曹继军,张越梅,赵平安.民用飞机适航符合性验证方法探讨[J].民用飞机设计与研究,2008(4):37-41.

[57] 乔磊,李艳军,曹愈远,等.航空发动机CCAR33-R2.75条款适航符合性验证方法[J].航空发动机,2016,42(1):99-102.

[58] 陈亚莉.波音、空客就新一代客机复合材料应用之争[J].国际航空,2004,8:14-17.

[59] 马健.B777全尺寸静力和疲劳试验[J].民航经济与技术,1997,6:33-35.

[60] 宁振波,张晓梅.先进飞机设计技术发展与展望[J].航空制造技术,2016,5:24-28.

[61] 戴慧萍,许练,俞英.简述并行设计的发展与国内的应用现状[J].科技咨询导报,2007,17:70-71.

[62] 中国民用航空局飞行标准司.民用航空器维修单位合格审定规定(CCAR-145-R3)[S/OL].(2005-09-27)[2019-01-10].http://www.caac.gov.cn/XXGK/XXGK/MHGZ/201511/t20151102_8480.html

[63] 中国民用航空局政策法规司.民用航空器维修人员执照管理规则(CCAR-66-R2)[S/OL].(2016-04-07)[2019-01-10].http://www.caac.gov.cn/XXGK/XXGK/MHGZ/201605/t20160530_37620.html.

[64] 中国民用航空局政策法规司.大型飞机公共航空运输承运人运行合格审定规则(CCAR-121-R5)[S/OL].(2017-09-30)[2019-01-10].http://www.caac.gov.cn/XXGK/XXGK/MHGZ/201710/t20171009_47120.html.

[65] 中国民用航空局政策法规司.交通运输部关于修改《小型航空器商业运输运营人运行合格审定规则》的决定(CCAR-135-R2)[S/OL].(2018-11-16)[2019-01-10].http://www.caac.gov.cn/XXGK/XXGK/MHGZ/201812/t20181219_193582.html.

[66] 中国民用航总局飞行标准司.民用航空器使用困难报告和调查(AC-121-60)[R/OL].(2005-07-26)[2019-01-10].http://www.caac.gov.cn/XXGK/XXGK/GFXWJ/201511/t20151102_7889.html.

[67] 李杨.运输类飞机持续适航文件适航要求解析[J].科技视界,2015,30:97-97.

[68] 焦志强,舒成辉.飞机结构完整性涉及思想的发展和标准的演变[J].航空标准化与质量,2010,235:21-24.

[69] 国防科学技术工业委员会.GJB 775.1—1989 军用飞机结构完整性大纲-飞机要求[S].1989-10-05.

[70] 唐民锋.美国军用航空装备维修保障体制[J].航空维修与工程,2016,4:20-23.

[71] 苏新伟.军用飞机适航性研究[J].军民两用技术与产品,2016,16:213-213.

[72] 邰炳昌,李兴泉,范宏宇.军用飞机研制生产阶段适航性研究[J].飞机设计,2016,3:29-33.

[73] 王祖兵,孙宁.我国开展军用飞机适航性工作初探[J].中国标准化,2014,3:66-69.

[74] 胡孟军. 军用直升机适航鉴定标准研究[D]. 北京:北京航空航天大学,2014.

[75] Jesus Javier FernandezOrio. MAWA Forum. The Long Road for a Common Military Airworthiness Requirements in Europe[C]. 45th Annual international symposium of the Society of Flight Test Engineers 2014，19-21 August 2014，Dayton，Ohio，USA.

[76] 刘存喜. 军用运输类飞机适航性要求研究[J]. 航空制造技术，2013，427（7）：26-29.

[77] 白康明,郭基联,焦健. 军用飞机研制阶段适航性研究[J]. 空军工程大学学报(自然科学版),2011,12(5):1-4.

[78] 马丁. 航空产品可靠性系统化审核及评价方法研究[D]. 北京:北京航空航天大学,2011.

[79] 王春生,苏多,刘道庆. 浅析无人机系统适航性[C]. 2010年航空器适航与空中交通管理学术年会论文集,北京,2010.

[80] 陶于金,李沛峰. 无人机系统发展与关键技术综述[J]. 航空制造技术,2014(20):34-39.

[81] 美国FAA新条例要求无人机进行注册并标记编号. (2015-12-15)[2017-10-21]. http://www.cannews.com.cn/2015/1215/142640.shtml.

[82] 黄培昭,廖政军,贾文婷. 全球商用无人机产业"飞起来"[N]. 人民日报,2016-06-16.

[83] 美国小型无人机重归登记范畴必要性监管不应欠缺. (2017-12-21). http://dy.163.com/v2/article/detail/D66T8R6I0529PR95.html.

[84] 民航局颁布《民用无人驾驶航空器系统空中交通管理办法》. (2016-9-21)[2017-10-21]. http://www.ccaonline.cn/news/top/285807.html.

[85] 民航局发布无人机6月1日起实行实名制登记[J]. 环境技术,2017,3:3-3.

[86] 中国民用航空局航空器适航审定司.民用无人驾驶航空器实名制登记管理规定(AP-45-AA-2017-03)[S/OL]. (2017-05-16)[2020-04-18]. http://www.caac.gov.cn/XXGK/XXGK/GFXWJ/201705/t20170517_44059.html.

[87] 吕游. 无人机系统适航现状及发展研究[J]. 航空制造技术,2014,22:138-145.